Lionel Naccache | Karine Naccache

DER KLEINE
GEHIRNVERSTEHER

Lionel Naccache | Karine Naccache

DER KLEINE GEHIRN-VERSTEHER

Eine Erkundung unseres
geheimnisvollsten Organs

Aus dem Französischen von
Sabine Reinhardus

C.H.Beck

Titel der französischen Originalausgabe:
Parlez-vous cerveau?
© Odile Jacob, 2018

Zuerst erschienen 2018 bei Éditions Odile Jacob, Paris

Für die deutsche Ausgabe:
© Verlag C.H.Beck oHG, München 2019
www.chbeck.de
Satz: C.H.Beck.Media.Solutions, Nördlingen
Druck und Bindung: CPI – Ebner & Spiegel, Ulm
Umschlaggestaltung: Geviert, Grafik & Typografie, Christian
Otto unter Verwendung von Motiven von Shutterstock
Gedruckt auf säurefreiem, alterungsbeständigem Papier
(hergestellt aus chlorfrei gebleichtem Zellstoff)
Printed in Germany
ISBN 978 3 406 74195 1

myclimate

klimaneutral produziert
www.chbeck.de/nachhaltig

INHALT

5. ZEIT, STOFF DES LEBENS
Das Gehirn heute und morgen   145

EINSTIEG

Wie dieses Buch entstand

Es war schon fast Sommer. Dieses Detail mag einem nebensächlich vorkommen, aber es hat doch eine gewisse Bedeutung. Die einzelnen Kapitel, aus denen sich das Buch zusammensetzt, wurden zur Begleitung der Morgenstunden des Sommers 2017 geschrieben.

Die Idee dafür geht auf Laurence Bloch zurück, Leiterin des Radiosenders France Inter, die damit diese andere, dem Gehirn frei verfügbare Zeit würdigen wollte – die sommerlichen Morgenstunden! Mit anderen Worten: Es ging darum, dem Hörer allmorgendlich, wie eine Art Weihnachtsmann im Badeanzug, kleine, ebenso verspielte wie lehrreiche Lesegeschenke zu überreichen, die sich vornehmlich mit dem Gehirn befassten, zugleich aber auch weiter ausgriffen – vom Inhalt her ernsthaft und konzentriert, aber in vergnüglicher und leicht verständlicher Form. Obwohl die Reihe im Sommer ausgestrahlt wurde, konnte man sie anschließend noch das ganze Jahr hindurch hören und lesen. Besonders anregend war dabei für mich der Wunschzettel! Eine gewisse zeitlose Leichtigkeit, die fröhliche Wissenschaft sozusagen, genau das wollte ich als Geschenk unter den sommerlichen Weihnachtsbaum legen.

Den weiteren Verlauf der Geschichte werden Sie nach und nach in Form der fünfunddreißig Kapitel erfahren, die hier neu zusammengefasst sind. Dabei wurde der unkomplizierte Plauderton, der zum Erfolg dieser Sendung führte, beibehalten.

Zunächst möchte ich allerdings noch ein paar Worte über die Entstehung verlieren, die auch für mich das Betreten absoluten Neulands markierte. Umso mehr, als sie hauptsächlich in dem Versuch bestand, mich an den Platz des Lesers oder Hörers zu versetzen. Ich versuchte mir vorzustellen, was dem Leser oder Zuhörer durch den Kopf gehen mochte, während wir, die Fachleute, ihm die fabelhaften neuen Entdeckungen erklärten, die uns zu verstehen erlauben, was dem Leser oder Zuhörer so durch den Kopf geht. Was wird er davon im Gedächtnis behalten? Was wird er mit diesem Wissen anfangen? Welche Hindernisse könnten ihm dabei im Weg stehen? Kurzum, wie kann man ihm, dem Hörer oder Leser, dabei helfen, diese schier unüberschaubare Vielzahl an Informationen über sein Gehirn … in sein Gehirn aufzunehmen?

Viele Fragen, die ich mir nicht nur im Selbstgespräch gestellt habe, vor dem Spiegel, die Hände nachdenklich ans Gesicht gelegt, sondern auch im nicht minder reflektierten Austausch mit meiner Frau. Sie brachte das gelebte Wissen der Nichtspezialistin in unseren Dialog ein und fasste letztlich das in Worte, was zum roten Faden unseres Projektes werden sollte: Könnte man die «Gehirnsprache» nicht auf die gleiche Weise erlernen wie die französische, chinesische oder italienische Sprache?

Der kleine Gehirnversteher hatte das Licht der Welt erblickt!

Das Buch ist nicht im Sinne von «Neurowissenschaften für meine Ehefrau» oder «Neurowissenschaften für meinen Sohn oder meine Großmutter» konzipiert, sondern entstand in echter Teamarbeit zwischen einem Experten (mir) und einer Nichtspezialistin (Karine). Selbst wenn ich mich in der ersten Person Singular an Sie wende, so ist das Buch doch das Ergebnis unserer gemeinsamen Arbeit. Es ging uns darum, eine Realität mit anderen zu teilen, von der wir in unserem gemeinsamen Leben vielfältige Erfahrungen gesammelt haben: Die Neurowissenschaften, ob man nun Experte ist oder nicht, verfügen über die besondere, wunderbare Eigenschaft, in Wechselwirkung mit sämtlichen Facetten unseres täglichen Lebens zu treten, von persönlichen, inneren Aspekten bis hin zu solchen, die der Welt und der uns umgebenden Gesellschaft zugewandt sind. Allerdings unter der Voraussetzung, dass wir ihre Sprache beherrschen.

Genau darin besteht das Ziel dieses Buches: Wir möchten bewirken, dass die Sprache der Wissenschaft des Gehirns – die Neurowissenschaft – in den Ohren Nichteingeweihter nicht mehr wie eine Fremdsprache klingt.

Warum Fremdsprache? Denken Sie nur an Wörter wie Gliazelle, Membranrezeptoren, Hippocampus, Neurotransmitter, episodisches Gedächtnis, Balken, prozedurales Gedächtnis, Broca-Areal, Basalganglien, Synapsen … und spitzen Sie die Ohren, wenn eine Neurowissenschaftlerin oder ein Neurowissenschaftler Ihnen diese Begriffe erklärt. Obwohl diese Wörter unaufhörlich benutzt werden, bleiben sie, dass muss man ganz offen zugeben, dem breiten Publikum ein großes Rätsel.

Wie eine Mauer schieben sich die Wörter zwischen die Fragen, die uns ganz unmittelbar betreffen (Gedächtnis, Gefühle, Sprache ...), und die Erkenntnisse, die Wissenschaftler in diesen Bereichen gewonnen haben – in einer Sprache, die wir nicht verstehen.

Eine überaus frustrierende Mauer zudem, die zwischen unserem Wunsch, mehr über uns selbst zu erfahren, und uns selbst steht.

Genau hier setzt *Der kleine Gehirnversteher* an. Wir möchten diese Mauer einreißen und Sie gleichzeitig zu einer vergnüglichen Entdeckungsreise in den Maschinenraum des Gehirns einladen. Genau wie ein Reisegefährte bietet dieses Buch dem Leser eine gewisse Selbstständigkeit auf seiner Entdeckungsreise durch ein Land, das er gern kennenlernen möchte: unser Gehirn. Er kann sich die Sprache dieses Landes aneignen, aber nicht über staubtrockene Beschreibungen, wie man sie aus dem Lexikon kennt. Nein, wir setzen unterschiedliche Schlaglichter, die an jedem Wort das herausstellen, was uns besonders mit ihm verbindet. Anders ausgedrückt: Wir holen es auf unsere Seite der Mauer herüber.

Auf dieser Reise haben uns einige Grundprinzipien als Kompass gedient.

Zunächst einmal folgt die Anordnung der Kapitel einem bestimmten Weg, der von der Basis zum Überbau, vom Neuron zum Denken führt. Außerdem verbinden sie die verschiedenen Elemente, aus denen sich eine Sprache zusammensetzt: Vokabular, Satzbau, ja sogar Grammatik.

Das Vokabular besteht aus den zentralen Schlüssel-begriffen des Gehirns, unmittelbar gefolgt vom Satz-bau. Dieser ermöglicht es uns, Wörter zueinander in Beziehung zu setzen und gedankliche Konzepte zu bil-den. Am Ende soll uns dann ein kurzer Ausflug in die Grammatik vor Fehlern im «Ausdruck» oder beson-ders häufigen Verständnisfehlern bewahren. Auf diese Weise möchten wir dazu beitragen, mit einigen fal-schen Vorstellungen und Mythen in Bezug auf das Ge-hirn aufzuräumen. Darüber hinaus wollen wir damit Regeln verdeutlichen, die nicht selten unserer Intuition widersprechen und doch unser geistiges Leben bestim-men.

Last but not least lag es uns am Herzen, in jedem Kapitel originelle und spielerische Verbindungen zwi-schen den Begriffen des Gehirns, denen Sie begegnen werden, und unserer gemeinsamen Vorstellungswelt zu knüpfen. Wir wollten diese Wörter aus ihrem üb-lichen, nicht selten einschüchternden wissenschaft-lichen Zusammenhang herausheben und Sie denk-würdige Leseabenteuer erleben lassen, an die Sie sich erinnern und die Ihnen schlagartig einfallen werden, sobald die besagten Begriffe Ihnen in Zukunft in ih-rem gewohnten Zusammenhang begegnen werden: in einem Zeitungsartikel, einer Sendung, in einem Es-say, aber auch in gesellschaftlichen Debatten, kurz überall dort, wo sie heutzutage immer wieder auftau-chen, sobald es beispielsweise um Schule, Gesundheit, die Justiz, unser gesellschaftliches Zusammenleben, um künstliche Intelligenz oder um die Arbeitswelt geht.

Eine ganze Menge Orientierungspunkte also, die auch hoffentlich bald die Ihren werden und Ihnen dabei helfen, über die heutzutage allgegenwärtige Neurowissenschaft zu lesen und ihr zu folgen, und zwar weder naiv noch skeptisch, sondern einfach, indem Sie in der Lage sind, sie im «Textzusammenhang» zu verstehen.

Der kleine Gehirnversteher oder auch: Ihr Gehirn – endlich in Originalversion und ohne Untertitel! Nehmen Sie Platz, die Vorstellung beginnt.

1

ROHSTOFFE

Moleküle und Gehirnzellen

DAS GEHIRN STELLT SICH VOR

Ehre, wem Ehre gebührt: Unser erstes Wort lautet daher «Gehirn». Ein Organ, das Ihnen lieb und teuer ist und das Sie gern besser kennenlernen würden. Leider behindert eine Fachsprache, bei der Sie eher Bahnhof als Gehirn verstehen, häufig den Zugang, weshalb Sie nicht selten den Eindruck haben, eine fremde Sprache zu hören. Diese Feststellung ist der Anlass für das vorliegende Buch.

Man kann sie nämlich erlernen, die Sprache des Gehirns. Genau darum geht es in *Der kleine Gehirnversteher*. Kapitel für Kapitel nehmen wir uns ein Wort, Gedanken und Begriffe, mitunter auch Redewendungen vor, die sich auf das Gehirn und dessen Funktionsweise beziehen. Ein breit angelegtes Programm, zu dem Ihnen dieses erste Kapitel die Gebrauchsanweisung liefert. Am Ausgangspunkt steht dabei das Wort «Gehirn». Sein ganzer Reichtum wird sich jedoch erst im Verlauf der vielen einzelnen Sketche entfalten, aus denen unser Programm besteht. Es geschieht daher mit voller Absicht, dass hier, im Eingangskapitel, das Geheimnis des Gehirns noch nicht gelüftet wird.

«Verstehst du, wie das Gehirn funktioniert?» Falls Ihre Freunde Ihnen diese Frage stellen, können Sie, sobald Ihnen die Grundlagen des *Kleinen Gehirnver-*

stehers vertraut sind, darauf mit einem stolzen «Aber sicher!» antworten. Das Vorhaben ist allerdings nicht zu unterschätzen, denn die Funktionen des Gehirns kennenzulernen bedeutet auch, sich selbst kennenzulernen, die Grundlagen der eigenen Subjektivität. *Der kleine Gehirnversteher* reiht sich dabei in eine anspruchsvolle Ahnenreihe ein: vom sokratischen «Erkenne dich selbst» bis hin zu der Maxime Kants: «Habe Mut, dich deines eigenen Verstandes zu bedienen.» Unser Buch will also, in aller Bescheidenheit, einen Beitrag zur Aktualisierung des klassischen Humanismus liefern, und zwar mittels einer Einführung in ein Wissensgebiet, das ich als Neuro-Humanismus bezeichnen möchte.

Genau gesagt werden wir vierunddreißig Begriffe rund um das Gehirn kennenlernen und dabei ganz logisch voranschreiten. Von der elementarsten Ebene (NEURONEN,* NEUROTRANSMITTER) bis zu jenen, die unsere komplexesten geistigen Funktionen bezeichnen: Sprache, Gefühle, Vorstellungskraft, das Bewusstsein. Eine äußerst lebendige Sprache, deren Entwicklung im Laufe der Zeit unsere wissenschaftlichen Fortschritte direkt widerspiegelt. Wir lassen uns das Vergnügen nicht nehmen, mit dieser Sprache zu spielen, mit Redewendungen rings um den «Dickkopf» und die «Birne», mit Formulierungen, die sich in unseren Witzen, Komplimenten («Was für ein kluger Kopf!»), Beleidigun-

---

* Wie ein Hypertext wird dabei jeder Fachbegriff, der Gegenstand eines eigenen Kapitels ist, in den übrigen Kapiteln durch Versalien hervorgehoben.

gen («Hast du bloß zwei Gehirnzellen?») oder alltäglichen Ausdrücken wiederfinden. Ganz im Gegenteil, wir wollen unser Gehirn in Falten legen und die kleinen grauen Zellen ordentlich arbeiten lassen. Wobei wir uns allerdings vor einer Gehirnwäsche in Acht nehmen.

Und damit Vorhang auf für einen Begriff, der grundlegend für unser Gehirn ist: das Neuron.

DAS NEURON

Eine besonders herabsetzende, gängige französische Beleidigung lautet: «Hast du bloß zwei Gehirnzellen, oder was?» Einem Mitmenschen zu unterstellen, er habe lediglich zwei Neuronen, ist gerade deswegen beleidigend, weil jeder von uns sehr genau weiß, dass es im menschlichen Gehirn nicht nur mehr als zwei, sondern beinahe unvorstellbar viele Neuronen gibt: ungefähr 100 Milliarden, um ganz genau zu sein.

Von 100 Milliarden Neuronen auf ... lediglich zwei, das ist schon ein heftiger Absturz.

Dennoch, und hier wird die Geschichte interessant, ist es gar nicht einmal so lange her, dass führende Wissenschaftler fest davon überzeugt waren, wir hätten auf keinen Fall 100 Milliarden Neuronen, und übrigens auch keine zwei, sondern nur eines! Ein einziges Neuron. In den Ohren dieser Wissenschaftler hätte die Beleidigung also wie ein großes Kompliment geklungen. «Oh, irre, ich habe sogar zwei Neuronen! Ich bin ein richtiger Superman mit geistigen Superkräften!»

Sie glauben mir nicht? Dann lassen Sie sich doch einfach die Geschichte des denkwürdigen, titanenhaften Streits zwischen zwei Meistern ihrer Kunst erzählen, der eine Italiener, der andere Spanier. Nein, damit ist nicht das Finale der Champions League 1994 zwischen dem AC Milan und Barça gemeint, hier geht es natürlich um die Verleihung des Nobelpreises für Medizin im Jahre 1906. In diesem Wettstreit wurden damals zwei Helden gekürt: der Italiener Camillo Golgi und der Spanier Santiago Ramón y Cajal. Das Jahr 1906 gilt daher auch als das symbolische Geburtsjahr des Konzepts der Neuronen.

Worum ging es im Duell Golgi-Cajal?

Rechts neben mir befindet sich Golgi. Seiner Ansicht nach sind Nervenzellen nicht voneinander getrennt, sondern zu einer einzigen großen Riesenzelle vereint.

Cajal, zu meiner Linken, vertritt im Gegensatz dazu die revolutionäre Idee, bei Neuronen handele es sich um autonome Einheiten, die mittels chemischer Informationen kommunizieren. Die Kontaktzentren befinden sich an der Stelle, an der sich die jeweiligen Membrane der Neuronen berühren: den SYNAPSEN.

Inzwischen wissen wir, dass Cajal recht hatte und Golgi sich irrte, den Nobelpreis haben damals jedoch beide erhalten. Anders ausgedrückt, besteht unser Gehirn also nicht aus einem einzigen, undefinierbaren Riesenneuron, sondern aus ungefähr 100 Milliarden voneinander getrennten Neuronen.

Nachdem die Tür zum neuronalen Individualismus aufgestoßen war, wurden die Geheimnisse der Kommunikation zwischen Neuronen nach und nach gelüftet (diesen Geheimnissen widmen wir uns in den folgenden drei Kapiteln). Bleiben wir noch einen Augenblick bei der Membran, die jedes einzelne Neuron begrenzt, und zwar mittels unterschiedlicher elektrischer Ladungen zwischen dem Inneren und der Außenseite des Neurons. Bemerkenswert ist nämlich, dass Neuronen einen gemeinsamen Ursprung mit unseren Hautzellen haben. Neuronen (die Hirnzellen in unserem Inneren) und Hautzellen (die uns dem Blick von außen preisgeben) sind Zwillingsschwestern!

Das Neuron nimmt über die Synapsen unablässig Millionen chemischer Nachrichten auf. Manche Nachrichten raten ihm, im Ruhezustand zu bleiben, andere fordern es dazu auf, aktiv zu werden. Je nachdem wird gewählt: Ruhezustand oder aktiver Zustand. Sobald das Neuron aktiv wird, schickt es mit seinem langen Schwanz (seinem Axon) Nachrichten an zahlreiche andere Empfänger. Unser Gehirn lässt sich daher als eine Art merkwürdiges Universum beschreiben, in dem 100 Milliarden Neuronen permanent abstimmen. Diese vielfältige neuronale Superdemokratie ist nichts anderes als der Sitz einer komplexen Kodierung der Welt und unseres Selbst: unserer Wahrnehmungen, unserer Gedanken, unserer Gefühle …

Alles, was in unserem Geist vor sich geht, spielt sich in Form einer mentalen Kodierung der 100 Milliarden Neuronen ab, die mit der Außenwelt verbunden sind. Eine derartige Meisterleistung wäre mit einem nur aus einem einzigen Riesenneuron bestehenden Gehirn schlicht unmöglich.

Daher ist es also wirklich gemein, seine Mitmenschen auf die oben genannte Art zu beleidigen. Umso mehr, als auch 100 Milliarden Neuronen nicht verhindern können, dass jemand ein ausgemachter Dummkopf ist.

DIE GLIAZELLE

Der Oberbegriff «Gliazelle» bezeichnet jene Zellen, die die NEURONEN im Gehirn umgeben. Sie sind in gewisser Weise der Kitt zwischen den Neuronen, eine Art Klebstoff.

Gliazellen setzen sich aus mehreren Zelltypen zusammen. Die größten davon sind die Astrozyten, deren Name sich allerdings auf die Form (*astrum* oder Stern) bezieht und nicht auf Star-Qualitäten verweist, denn dieser Status ist, wie wir wissen, den Neuronen vorbehalten, die den Gliazellen schon seit langem die Show gestohlen haben.

Zum Beispiel lautete der Titel des ersten echten neurowissenschaftlichen Bestsellers, der im Jahre 1983 erschien und den wir Jean-Pierre Changeux verdanken: *Der neuronale Mensch*. Lässt sich vorstellen, dass zu dieser Zeit ein Buch mit dem Titel *Der gliale Mensch* geschrieben worden wäre, wie es Yves Agid und Pierre Magistretti schließlich im Februar 2018 veröffentlichten?

Tatsächlich wurde die Rolle der Gliazellen lange Zeit auf bestimmte Aufgaben reduziert, die sie zuverlässig ausführen und die alles in allem auch äußerst wichtig sind, denn sie spielen im Gehirn die Rolle der … (entscheiden wir uns wagemutig für dieses po-

litisch eindeutig nicht korrekte Wort) «Hausfrau».
Hausfrauen, die sich um das Wohl der Neuronen küm-
mern, die ihrerseits wie die Hauptdarsteller unseres
subjektiven geistigen Lebens erscheinen: unsere WAHR-
NEHMUNG, unser GEDÄCHTNIS, unsere Gefühle, unser BE-
WUSSTSEIN. Die Gliazellen sind hingegen für die Sauerstoffaufnahme und die Aufnahme von Nährstoffen der
Neuronen zuständig. Sie entsorgen den Abfall, legen
sich um die Neuronen, um sie zu wärmen, und umhül-
len deren Axone (die langen Schwänze der Neuronen)
behutsam mit isolierendem Gewebe, damit diese ra-
send schnell und mit der Präzision einer Schweizer Uhr
untereinander kommunizieren können.

Es entbehrt übrigens nicht einer gewissen Pikante-
rie, wenn wir eine implizite geschlechtsmäßige Zuwei-
sung feststellen: EIN Neuron und EINE (feminine)
Gliazelle. Das «gegenderte» Gehirn könnte auf diese
Weise beinahe wie ein antiker athenischer Stadtstaat
erscheinen, wo eine Versammlung aus Neuronen-Bür-
gern – gebildet, kultiviert, umsorgt – von deutlich
weniger gebildeten Hausfrauen bedient wird, die sich
nicht an den Debatten der neuronalen Agora betei-
ligen. Bedenkt man außerdem noch, dass Neuronen
sich mehrheitlich nicht reproduzieren, während die
diensteifrigen und bescheidenen Gliazellen die Freuden der Mitose (der Zellteilung) kennen, wird das Bild
noch radikaler.

Ob es den nostalgischen Hellenisten nun gefällt
oder nicht, wir wissen inzwischen, wie verzerrt, ka-
rikaturenhaft und ungenau diese Vorstellung ist. Heutzutage, nach mehreren wichtigen Entdeckungen, sieht

man die Gliazelle in einem vollkommen anderen Licht.

Im Gegensatz zur Lehre der sogenannten neuronalen Starre, wonach die Nervenbahnen im erwachsenen Gehirn unbeweglich und unveränderlich sind, reproduzieren sich Neuronen sehr wohl. Neurogenese findet auch im Erwachsenenalter statt, es handelt sich allerdings um ein marginales Phänomen. Weit wichtiger noch, inzwischen hat man nach und nach neue Funktionen der Gliazellen entdeckt, komplexere und erheblich subtilere als die eines schlichten, die Neuronen umsorgenden dienstbaren Geistes.

Einige Gliazellen (die berühmten Astrozyten oder Sternzellen) setzen beispielsweise selbst NEUROTRANS-MITTER frei. Sie kommunizieren darüber hinaus mit den Neuronen und beeinflussen deren Aktivitäten. Anders ausgedrückt, nehmen Gliazellen viel unmittelbarer als ursprünglich angenommen an den Geistesbewegungen unseres Gehirns teil.

Halten wir schließlich noch fest, dass Neuronen und die wichtigsten Gliazellen von denselben Mutterzellen, den neuralen Stammzellen, abstammen. Dort, wo manch einer natürliche Unterschiede zwischen der Gliazelle und den Neuronen wahrzunehmen meinte, zeigt sich eine gemeinsame Wurzel, die den Auswirkungen der Umwelt und Zellunterscheidungen zuzuschreiben ist. Um mit Simone de Beauvoir zu sprechen: Man wird nicht als Gliazelle geboren, sondern zu einer gemacht!

Die Gliazelle gehört also weder dem schwachen Geschlecht an, noch spielt sie die zweite Geige. Die Gliazelle, so viel ist hoffentlich deutlich geworden, tritt, zusammen mit den Neuronen, im Hauptprogramm auf und hat großen Anteil an dem unaufhörlichen Meisterwerk, das unser geistiges Leben schließlich ist. «Das Leben Ihres Gehirns» ist eine Tragikomödie, und sie ist neuronal UND glial zugleich.

DIE NEUROTRANSMITTER

Neurotransmitter – ja, zugegeben, ein recht technischer und strenger Begriff, bei dem niemand so schnell ins Träumen gerät.

Trotzdem muss ich Sie eines Besseren belehren, denn dieses zentrale Konzept der Neurowissenschaften geht ursprünglich auf einen Traum zurück! Einen Traum des Otto Loewi, seines Zeichens deutscher Pharmakologe, den er anno 1921 geträumt hat. In den Zwanzigerjahren spaltete ein wissenschaftlicher Disput die Forschung. Damals wusste man bereits, dass NEURONEN untereinander über die Kontaktzonen ihrer Membrane kommunizieren: die SYNAPSEN. Aber wie genau ging diese Kommunikation vonstatten? Einige Wissenschaftler waren der Ansicht, dass ihr ein elektrischer Mechanismus zugrunde liege, andere behaupteten, die Signalübertragung funktioniere mittels chemischer Prozesse. Beide Lager brachten Argumente für die Richtigkeit ihrer Ansichten vor, aber experimentelle Untersuchungen führten zu keinen Ergebnissen, um die grundlegende Frage zu entscheiden.

Von dem Wunsch erfüllt, diese wissenschaftliche Herausforderung zu meistern, legte sich Otto Loewi eines Abends ins Bett und sank in Morpheus' Arme.

In der Nacht vor Ostern 1921 hatte Otto Loewi einen Traum. Es war gewiss kein Sommernachtstraum, aber doch ein Osternachtstraum, der uns umwälzende Erkenntnisse über unser Gehirn bescheren sollte. Otto Loewi, der plötzlich mitten in der Nacht erwachte, stellte fest, dass er im Traum eine entscheidende Erfahrung gemacht hatte, die das Rätsel der Kommunikation zwischen den Neuronen lösen konnte, was ihm ewigen Ruhm sichern würde. *Heureka!* Er machte sich rasch ein paar Notizen, um die kostbare Erkenntnis nicht zu vergessen, und schlief dann wieder ein. Der nächste Morgen war zweifellos ein besonders niederschmetternder, verzweifelter Tag in seinem wissenschaftlichen Leben: Otto Loewi hatte nämlich seinen Traum vergessen und seine Notizen waren vollkommen unleserlich! Sämtliche Entzifferungsversuche und Anstrengungen, den Traum zu rekonstruieren, blieben erfolglos, und er hatte keine Ahnung, ob es sich dabei um ein Hirngespinst gehandelt hatte oder um ein verloren gegangenes Juwel. Als sich Otto am Abend wieder schlafen legte, geschah das Unglaubliche: Er träumte abermals von einem bahnbrechenden Experiment (zweifellos dasselbe, von dem er bereits geträumt hatte) und fuhr aus dem Schlaf hoch. Diesmal achtete er sorgfältig darauf, seinen Traum hübsch leserlich aufzuschreiben. Am nächsten Morgen konnte er alles entziffern, begab sich schnurstracks in sein Labor, führte das Experiment durch – und veränderte die Welt! Die offizielle Geschichtsschreibung würdigte seine Entdeckung mit der Verleihung des Nobelpreises im Jahr 1936.

Was war das für ein Traum, der mehrere Millionen Schwedischer Kronen wert war?

Otto Loewi hatte eine einfache Methode zur Untersuchung der Kommunikation zwischen Neuronen gefunden. Dabei nahm er eine bestimmte Synapse unter die Lupe, die sich außerhalb des Gehirns befindet und somit leichter zugänglich ist: die Synapse zwischen dem wichtigsten Nerv, dem Vagusnerv (auch Eingeweidenerv genannt), der unsere inneren Organe mit dem Nervensystem und den Herzzellen verbindet. Die Forschung wusste bereits, dass die Aktivität dieser Neuronen den Herzrhythmus verlangsamte. Aber welcher Mechanismus steckte dahinter: Sie erinnern sich – ein elektrischer oder chemischer?

Loewis Idee bestand darin, zwei Behälter vorzubereiten. Im dem einen befand sich in einer Salzlösung das noch schlagende Herz eines Frosches, verbunden mit dem Vagusnerv des Tieres. Im zweiten Behälter befand sich ebenfalls das Herz eines Frosches, aber ohne Verbindung zum Vagusnerv. Ein isoliertes Herz. Loewi stimulierte den Vagusnerv im ersten Behälter per Elektrizität. Ergebnis: Der Herzschlag des Frosches wurde langsamer. Er pumpte daraufhin die Salzlösung ab, in der das erste Herz gebadet hatte, und füllte sie in den zweiten Behälter. Unerträgliche Spannung: Innerhalb von Augenblicken verlangsamte sich auch der Herzschlag des zweiten Frosches! Mit anderen Worten handelte es sich um eine chemische Substanz (in diesem Fall die Salzlösung), freigesetzt durch den elektrisch stimulierten Vagusnerv, die dafür gesorgt hatte, dass das Herz langsamer schlug. Die neuronale Kommunikation fußt demnach auf einem chemischen Vorgang: Die Übertragung funktioniert mittels Neurotransmitter.

Was zu beweisen war!

Später fand Otto Loewi heraus, dass es sich bei diesem ersten Neurotransmitter um Acetylcholin gehandelt hatte.

Inzwischen haben Wissenschaftler zahlreiche andere Neurotransmitter entdeckt. Es wird immer der gleiche Mechanismus wirksam, wenn sich unser Herzschlag verlangsamt oder wenn wir uns verlieben, in Wut geraten oder wenn eine neue Idee in unser BEWUSSTSEIN dringt. Dafür sind jedes Mal Neurotransmitter zuständig.

Die Moral von der Geschichte: Zeichnen Sie Ihre Träume genau auf und neurotransmitten Sie die Botschaft Ihren Freunden.

DIE MEMBRANREZEPTOREN

Lesen ist in erster Linie eine schweigsame Angelegenheit, aber mitunter kann es durchaus interessant sein, sich selbst bestimmte Wendungen laut vorzulesen. Versuchen wir es doch einmal mit folgender:

«Membranrezeptoren»
«Membranrezeptoren»
«Membranrezeptoren»

Ist Ihnen aufgefallen, welche seltsamen Klangfarben sich bei diesem Wort freisetzen? Ich weiß nicht, woran es liegt, vielleicht an der Lautfolge von PT und BR, die das Wort zerschneiden, oder liegt es im Gegenteil daran, dass sie durch die Vokale dazwischen besonders gedehnt werden, oder vielleicht ist es ein Effekt, der sich aus beidem ergibt? Jedenfalls hat die Wiederholung eine ähnliche Wirkung auf mich wie die berühmte Spiegelszene in *Geraubte Küsse* von François Truffaut, wenn Jean-Pierre Léaud alias Antoine Doinel vor dem Spiegel wieder und wieder den Namen der Frau wiederholt, in die er sich verliebt hat:

«Fabienne Tabard»
«Fabienne Tabard»
«Fabienne Tabard»
«Fabienne Tabard»
«Membranrezeptoren»

Im Unterschied zu Antoine Doinel betrachten sich Membranrezeptoren nicht im Spiegel, so viel will ich einräumen. Könnten sie dies jedoch tun, würden sie dabei Folgendes sehen: Membranrezeptoren sind sehr große Proteine. Sie sind in die Membranen von Zellen eingelagert, insbesondere von NEURONEN, auf denen sich winzig kleine Moleküle, die NEUROTRANSMITTER, befinden, von denen bereits im vorhergehenden Kapitel die Rede war. Für jeden Rezeptor gibt es einen besonderen Neurotransmitter, so wie jedes Schloss seinen Schlüssel hat. Im Bereich der Kontakt- und Kommunikationszonen zwischen benachbarten Neuronen, den SYNAPSEN, sind Membranrezeptoren besonders zahlreich. Das Neuron, sozusagen oben auf dem Hügel, setzt Neurotransmitter frei, die sich an die Membranrezeptoren, sozusagen unten im Tal, heften.

Auf diese Weise kommunizieren Neuronen.

Ehrlich gesagt gehört dieser fremdartige Eindruck, der von «Membranrezeptoren» ausgeht und mit dem wir das Kapitel eingeleitet haben, sogar zu den Legenden innerhalb der Neurowissenschaften.

Weshalb?

Weil die Membranrezeptoren lange Zeit nur als abstrakter Begriff bekannt waren, bevor man sie tatsächlich nachweisen konnte. Ein bisschen wie die Antimaterie oder das Higgs-Boson in der Physik.

Seit Otto Loewi 1921 den ersten Neurotransmitter entdeckt hatte, mussten sich die Neurowissenschaftler neunundvierzig Jahre lang gedulden, denn erst 1970 gelang es Jean-Pierre Changeux und seinem Team, den ersten Membranrezeptor zu isolieren, und zwar den des Acetylcholin (das wir ebenfalls schon im vorhergehenden Kapitel erwähnt haben).

In dem halben Jahrhundert zwischen 1921 und 1970 war die Existenz dieser biologischen Entitäten bereits vielfach nachgewiesen worden, aber es war noch nicht gelungen, sie zu isolieren. Man sah ihre Spuren und wusste über ihre Wirkung Bescheid, aber wie echte Phantome ließen sie sich mit den Untersuchungsinstrumenten eines Labors nicht aufspüren. Man hatte ihre Funktionsweise innerhalb der Neuronen bereits genauestens ermittelt, und dennoch war es nie gelungen, sie tatsächlich zu beobachten. Es war schon bizarr, sie so genau zu kennen und doch nichts von ihnen zu wissen.

Was uns ein zweites Mal zu dem Film *Geraubte Küsse* führt: «Madame Tabard ist keine Frau, sondern eine Erscheinung!», behauptet eine ihrer Angestellten. Besser lässt sich das Wesen der Membranrezeptoren nicht beschreiben.

Sie können sich vorstellen, welche Aufregung unter den Neurowissenschaftlern ausbrach, als wir den Membranrezeptoren plötzlich direkt in die Augen sehen konnten. Ehrlich gesagt habe ich selbst einmal einen vergleichbaren wissenschaftlichen Gefühlsausbruch erlebt, als ich eines Tages, im Sommer des Jahres 1989, während eines Studienaufenthaltes im Labor der UCSF in San Francisco, als erster Mensch die Untereinheit Epsilon des Nikotin-Rezeptors des Acetylcholins beobachtete. Das vergisst man nicht so schnell!

Inzwischen sind zahllose andere, vergleichbare Begegnungen *dieser* Art den oben beschriebenen Entdeckungen gefolgt, und der Prozess hat sich seither beschleunigt. Identität, Struktur und Funktionsweise der Membranrezeptoren sind mittlerweile erfasst und können beobachtet werden. Darunter auch jene Rezeptoren, die ich Ihnen am Anfang des Kapitels vorgestellt habe. Womöglich trauern einige unter Ihnen sogar der «guten alten Zeit» nach, als alles noch unbekannt und geheimnisvoll war, jene Epoche der Andeutungen und Ungewissheiten, in der wir eine im Wesentlichen platonische Beziehung zu unseren Membranrezeptoren unterhielten.

Wie auch immer, diese neue Intimität hat der Wissenschaft viel Gutes gebracht. Seit wir das Geheimnis der Membranrezeptoren entschlüsselt haben, sind wir in der Lage, die Handlungsmechanismen zahlreicher anderer Moleküle zu verstehen, die auf das Nervensystem wirken (darunter auch abhängig machende Substanzen wie Nikotin, Alkohol und andere Gifte). Vor allem können wir uns inzwischen auch neue Moleküle ausdenken, mit denen sich neurologische oder psychiatrische Erkrankungen heilen lassen und die in der Anästhesiologie eingesetzt werden. Alle Moleküle, die die gemeinsame Eigenschaft besitzen, unserem Organismus fremd zu sein, fühlen sich sozusagen unwiderstehlich zu unseren Membranrezeptoren hingezogen und klammern sich an ihnen fest.

Im Grunde beinahe wie «geraubte Küsse»!

DIE SYNAPSE

Na gut, die Synapse ist also die Kontaktzone zwischen zwei NEURONEN. Das Wort kommt aus dem Griechischen, *syn* («zusammen») und *haptein* («Kontakt»).

Aha! Moment! Ist das nicht ein bisschen knapp, junger Mann? Man könnte auch sagen ... oh je! ... eigentlich könnte man eine ganze Menge darüber sagen und dabei jedes Mal einen anderen Ton anschlagen, beispielsweise: «Die Synapse ist der aberwitzigste Bestandteil unseres Gehirns, weil sie zwei Unendlichkeiten miteinander verbindet.»

Ich glaube, das muss ich näher erklären.

Zum einen ist die Synapse die kleinste Struktur unseres Gehirns und enthält die größte Anzahl an Molekülen. Sie misst 50 Milliardstel eines Meters. So viel zur mikroskopischen Unendlichkeit einer Synapse.

Zum anderen ist die Anzahl der Synapsen im Gehirn eines Menschen beinahe unermesslich groß: Wenn wir über rund 100 Milliarden Neuronen verfügen und jedes Neuron wiederum 10 000 bis 20 000 Synapsen hat, ergibt das eine astronomische Zahl im Bereich einer Million Milliarden Synapse! Eine unendlich große Anzahl unendlich kleiner Synapsen!

Unternehmen wir eine metaphorische Reise in die beiden synaptischen Unendlichkeiten des menschlichen

Gehirns, ohne die unsere Neuronen nicht miteinander kommunizieren könnten!

Verwandelt in liliputanische Taucher, begeben wir uns also in jenes flüssige Universum, das eine Synapse schließlich ist; was wir sodann betrachten, könnte den Titel von Charles Dickens' berühmtem Roman *Eine Geschichte zweier Städte* tragen. Die Kontaktstelle zwischen zwei Neuronen, die Synapse, verknüpft zwei unter Wasser liegende Grenzstädte, zwischen denen sich ein «no man's land» befindet: Die sogenannte «präsynaptische» und die «postsynaptische» Membran des Neurons, zwischen denen der synaptische Spalt liegt. Befindet sich das präsynaptische Neuron im Ruhezustand, geht es in beiden Städten gemütlich zu. Sie kommunizieren nicht miteinander, und es herrscht eine Art gepflegter, dörflicher Langeweile, ein wenig lähmend vielleicht, aber durchaus mit ihrem eigenen Reiz. Nachdem dieser Zustand unterschiedlich lange gedauert hat, erfasst mit einem Mal eine Welle elektrischer Erregung zuerst das präsynaptische Neuron und anschließend die sich nach ihm verzehrende Synapse. Daraufhin wird eine wahre Flut von Ereignissen in Gang gesetzt: Membrankanäle öffnen sich, Ionen zirkulieren mit wahnsinniger Geschwindigkeit und verändern von einem Augenblick zum anderen das chemische und elektrische Umfeld der Synapse. Mit NEUROTRANSMITTERN gefüllte Vesikel rasen auf die Membran des präsynaptischen Neurons zu, verschmelzen mit ihr und schütten erhebliche Mengen der Neurotransmitter in den synaptischen Spalt. Die Neurotransmitter heften sich daraufhin an die Rezeptoren in der Membran des postsynaptischen Neurons und lösen nun ihrerseits eine neuerliche Flut von chemischen und elektrischen Vorgängen aus.

Diese mikroskopische Sequenz erinnert Sie möglicherweise an einen Befruchtungsvorgang, aber von wegen. Oder, wenn man schon von Befruchtung sprechen will, dann hat sie nichts mit Fortpflanzung zu tun, vielmehr handelt es sich um einen Befruchtungsvorgang auf der Ebene von Informationen.

Letztlich wird das postsynaptische Neuron entweder in seiner Lethargie verstärkt (man spricht hier von Inhibition), oder von einer Erregung erfasst, die es dazu veranlassen kann, seinerseits mit Tausenden anderer Synapsen zu kommunizieren und nun die Rolle des präsynaptischen Neurons einzunehmen.

Kehren wir noch einen Augenblick zu diesem echten neuronalen «Happening» zurück, also zu dem Moment, in dem die mit Neurotransmittern gefüllten Vesikel sich in den synaptischen Spalt entleeren. Lange Zeit wurde fälschlicherweise angenommen, dass eine Synapse nur einen Neurotransmittertyp enthält. In Wahrheit sind es jedoch unterschiedliche Neurotransmitter, die am Leben einer einzigen Synapse teilhaben.

Wenn ich hier derart nachdrücklich auf dieser beinahe schon dionysischen Chemie beharre, die sich im Inneren unserer Synapsen abspielt, dann nur, um Ihnen dabei zu helfen, Ihr BEWUSSTSEIN für die grandiosen Ausmaße der Vorgänge zu schärfen, die sich unablässig nur wenige Zentimeter unterhalb unserer Schädeldecke abspielen.

Noch ein letzter Punkt, um diese geradezu ungeheuerliche, schwindelerregende Komplexität zu unterstreichen: Nicht genug damit, dass wir eine Billiarde Synapsen besitzen, die obendrein von verblüffender biochemischer Komplexität sind, nein, sie sind auch noch ständig in Bewegung. Diese Myriaden Synapsen entstehen, leben, verändern sich, sterben und tauchen an einer anderen Stelle wieder auf. Die Synapsen gehören zu den wichtigsten Schaltstellen unseres Gehirns, durch sie lernen wir, erinnern wir uns, entsteht unsere Identität. Darüber hinaus sind sie eine der Schaltstellen der PLASTIZITÄT UNSERES GEHIRNS – ein neues Wort in unserem Vokabular, auf das wir bald zurückkommen.

Wir kehren gestärkt von dieser Reise ins Land der Synapsen zurück, und ab jetzt können Sie daran zurückdenken, wenn Sie sich in einer klaren Nacht in den Anblick der unzähligen blinkenden Sterne am Himmel versenken.

NEURONALE NETZWERKE

Schon sind wir am Ende der sieben ersten Schlüssel-
begriffe unseres *Kleinen Gehirnverstehers* angekommen, und ich bin wirklich beeindruckt von Ihren Fortschritten! Sie haben sich mit der Funktionsweise des
NEURONS vertraut gemacht und wissen, dass Neuronen
untereinander mit Hilfe von SYNAPSEN kommunizieren – und das unter den wachsamen Blicken der GLIA-
ZELLEN und dank der NEUROTRANSMITTER, die sich an
die MEMBRANREZEPTOREN heften.

Bisher haben wir uns mit den elementaren Bauste-
nen des Gehirns befasst, jenem Körperteil – erinnern
wir uns in aller Bescheidenheit daran –, der für Woody
Allen letztendlich doch nur das zweitliebste Organ ist.

Dessen weitere Erforschung wird uns in die wichtigsten Regionen des Gehirns führen. Mir ist dabei
durchaus bewusst, dass hier ein gewisser Bruch im Vokabular besteht, der beide Ebenen voneinander trennt:
Um vom Neuron in die Regionen des Gehirns zu gelangen, müssen wir uns zunächst einmal mit dem Konzept der «neuronalen Netzwerke» vertraut machen.

Denn der Unterschied zwischen einem einzelnen
Neuron und den 100 Milliarden Neuronen, aus denen sich unser Gehirn zusammensetzt, ist keineswegs
rein quantitativ. Diese 100 Milliarden Neuronen ste-

hen nicht schweigend und unbeweglich nebeneinander wie die Soldatenfiguren der Terrakotta-Armee des chinesischen Kaiser Qin, die zweitausend Jahre lang im Boden vergraben war. Unsere 100 Milliarden Neuronen sind in komplexen, dynamischen und lebendigen Netzwerken organisiert. Außerdem tauschen sie sich ständig miteinander aus, ganz im Gegensatz zu dem unvergesslichen Satz des Schauspielers Pierre Mondy in dem ebenso unvergesslichen Film *Die siebte Kompagnie im Mondschein:* «Meine Frau hat ein Netzwerk, ich habe ein Netzwerk, mein Schwager hat ein Netzwerk, aber vermischt wird da nichts.»

Doch nicht nur die Neuronen selbst kommunizieren untereinander, sie ermöglichen durch ihre Kommunikation auch allerlei andere Prozesse, die nicht stattfinden könnten, wenn die Neuronen voneinander isoliert wären. Ein bedeutendes Beispiel ist folgende These, die der Neuropsychologe Donald Hebb 1949 aufstellte. Er behauptete: Sobald ein Neuron A dauerhaft und wiederholt ein Neuron B aktiviert, wird die Verbindung, die beide miteinander verknüpft, im Lauf der Zeit immer leistungsfähiger. Zu Beginn der Sechzigerjahre erwies sich bei experimentellen Untersuchungen – nicht des menschlichen Gehirns, das wäre zu schwierig und komplex gewesen, sondern an Kaninchenhirnen und dem Nervensystem eines kleinen Wurms mit dem hübschen Namen *Caenorhabditis elegans* –, wie zutreffend Hebbs These war. Das Nervensystem des kleinen Wurms besteht aus exakt 302 Neuronen, 302 miteinander vernetzten Neuronen, die man gründlich und uneingeschränkt beobachten und untersuchen konnte.

Vom *Caenorhabditis elegans* zum Gehirn des Menschen ist es nur ein kleiner Schritt, wie schon Jacques Monod, einer der Väter der Molekularbiologie und Träger des Nobelpreises 1965 in seiner gefeierten Maxime formulierte: «Alles, was für Bakterien wahr ist, muss auch für Elefanten wahr sein.»

Durch die Erforschung der neuronalen Netzwerke konnte man nachweisen, dass zahlreiche Lerninhalte nicht nur in einem einzigen Neuron oder einem einzigen Rezeptor verankert sind, sondern in einem Netz aus miteinander verbundenen Neuronen. Das gilt beispielsweise für das GEDÄCHTNIS. Seitdem man die neuronalen Netzwerke des Menschen mit Instrumenten wie dem MRT erforscht, hat man festgestellt, dass auch unserer BEWUSSTEN Erfahrung gewaltige Netzwerke zugrunde liegen.

Um die Eigenschaften der neuronalen Netzwerke unseres Gehirns zu verstehen, bedurfte es vieler begabter Mitwirkender, darunter auch unserer Kollegen aus der Physik und Mathematik, die schon bald hinzugezogen wurden. Die Mathematiker sind schnell auf den Geschmack gekommen und haben flugs eine eigene Disziplin namens «Formale neuronale Netzwerke» ins Leben gerufen – «formale» Neuronen, um sie von den «realen» Neuronen zu unterscheiden. *Deep learning* macht es beispielsweise möglich, dass Maschinen herausragende Lernleistungen erreichen, indem man künstliche neuronale Netze in sie einbettet. Eine der Früchte dieser Disziplin ist der jüngst erfolgte Sieg einer Maschine über den besten Go-Spieler der Welt.

Halten wir an dieser Stelle fest, dass die neuronalen

Netzwerke des Gehirns auf jeden Fall zu weiteren un-
erhörten – und damit auch einstweilen noch unver-
ständlichen – Heldentaten fähig sind.

In diesem Sinne schließe ich hier mit zwei weiteren
Maximen: «Das Netz hat seine Gründe, die der Ver-
stand nicht kennt» und folgerichtig weiter: «Bewahren
Sie einen kühlen Kopf und Ihr Netzwerk dazu.»

2

STOFF UND INHALT

Areale und Regionen des Gehirns

DER CORTEX ODER
DIE GROSSHIRNRINDE

Beim Erlernen einer fremden Sprache ist gelegentlich Misstrauen angebracht, wenn uns die Bedeutung eines Wortes allzu offensichtlich erscheint. Gerade diese Wörter führen uns nicht selten in die Irre. Eine Art falscher Freund, den man zuerst und ganz naiv für einen wahren Freund gehalten hat! So auch das hübsche Wort «Cortex». Das Gehirn wird so häufig mit diesem Begriff beschrieben, dass er beinahe schon als dessen Synonym durchgeht. Sehr zu Unrecht. Der Cortex ist, und darauf deutete schon die Etymologie hin, die Rinde des Gehirns.

Unglücklicherweise enthält auch die Etymologie selbst einige irreführende Vorstellungen, ist also ebenfalls und ganz eindeutig ein falscher Freund. Wir erfahren gleich, warum.

Wer «Rinde» sagt, denkt dabei in erster Linie an eine Baumrinde oder an die Schale einiger Zitrusfrüchte, vielleicht sogar an die Erdkruste. In jedem Fall also an die äußere Oberfläche natürlicher Objekte.

Wer «Oberfläche» sagt, meint damit nicht selten etwas Überflüssiges, Zweitrangiges, zumindest im Vergleich zu dem, was diese Oberfläche schützt – nämlich die verborgenen Tiefen des Gehirns! Versteckte, unzugängliche Tiefen, die gerade deshalb so besonders kostbar sind …

Stimmen Sie mir zu?

Also, im Gehirn verhält es sich genau umgekehrt!

Die Oberfläche der Cortex-Rinde, die sich uns auf den ersten Blick darbietet, diese zerknitterten Krepppapierbögen, dieses zusammengeknüllte Geschenkpapier, das wir gar nicht schnell genug aufreißen konnten, um an den Schatz darunter zu gelangen, genau diese leicht graufarbene Verpackung – sie ist der eigentliche Schatz!

Der versteckte Schatz liegt also direkt vor unseren Augen. So ein bisschen wie in der Kurzgeschichte *Der entwendete Brief* von Edgar Allan Poe.

Warum?

Weil sich die komplexesten Denkvorgänge unseres Nervensystems nicht in den Tiefen unseres Gehirns, sondern in der eng gefalteten Oberfläche der Großhirnrinde abspielen.

Selbstverständlich gibt es auch etwas darunter, und diese Tiefen des Gehirns sind auch überaus nützlich (siehe BASALGANGLIEN), aber man kann mit Fug und Recht behaupten, dass ihre wichtigste Funktion darin besteht, den Reichtum und das Potenzial der Rinde zur Geltung zur bringen. Anders gesagt, je mehr man sich der Oberfläche des Gehirns nähert, desto tiefsinniger wird es.

Dieses Grundprinzip findet sich auch in der Großhirnrinde selbst, dem Cortex, wieder, der aus sechs Zellschichten aufgebaut ist, von der innersten bis zur äußersten. Und Sie erraten es bereits, die kompliziertesten Gehirnfunktionen spielen sich allesamt in der äußersten Schicht ab!

Veranschaulichen wir das Grundprinzip durch ein Beispiel:

Folgen wir in Ihrem Nervensystem dem Schicksal des Textes, den Sie soeben lesen. Die Lichtwellen, die von der Seite ausgehen, die Sie vor Augen haben, treffen mit Lichtgeschwindigkeit auf Ihre Netzhaut. Die Netzhaut verwandelt diese Wellen in Nervenaktivität und gibt sie über den Sehnerv an mehrere Kerne in den tief liegenden grauen Massen des Gehirns weiter, wovon einer der sogenannte «optische» Thalamus ist, also der Thalamus oder auch «opticus», der visuelle Informationen verstärkt, organisiert und sie dann an den Cortex occipital weiterleitet. Die gesamte Vorarbeit beträgt weniger als ein Fünfzigtausendstel einer Sekunde und durchläuft dabei einen Pfad, der den VISUELLEN CORTEX zunächst einmal umgeht. Obwohl dieser die Bilder der Textseite, die Sie gerade lesen, als Letzter erhält, ist er derjenige, der die Buchstaben, die Wörter und deren Bedeutung verarbeitet. Er ist auch dafür verantwortlich, dass in Ihrem Gehirn der Vorgang der BEWUSSTWERDUNG dieses Textes stattfindet.

Die Beispiele sind zahlreich, das Prinzip bleibt immer das Gleiche: Je näher man der Oberfläche des Gehirns ist, desto tiefsinniger wird es.

Eine andere, amüsante Eigenschaft des Cortex besteht darin, dass ausgerechnet jenes Organ, ohne das wir nicht das Geringste spüren würden, selbst völlig empfindungslos ist. Wenn ich Sie in die Hand kneife, spüren Sie diesen Reiz ganz bewusst aufgrund der Ak-

tivitäten, die sich im Krepppapier Ihres Gehirns abspielen. Trotzdem ist der Cortex selbst, ohne den Sie
das Gefühl, gekniffen zu werden, gar nicht bewusst
empfinden könnten ..., völlig empfindungslos! Wenn
ich Sie also in Ihren Cortex kneifen würde, würden Sie
nichts spüren.

Woran liegt das?

Um empfinden zu können, dass man gekniffen wird,
ist ein entsprechender Rezeptor erforderlich. Dieser
befindet sich auf der Haut, fehlt jedoch in der Großhirnrinde. Das Gehirn verarbeitet die von außen kommende Information nicht auf direktem Wege, sondern
nur über deren Umwandlung durch die Rezeptoren!

Nur wenn man diese erstaunlichen Eigenschaften
kennt, lässt sich die Einzigartigkeit des Begriffes «Cortex» erfassen. Cortex ist keineswegs ein Synonym für
Gehirn, weder in etymologischer Hinsicht noch im
übertragenen Sinne, ausgehend von dem Begriff «Hirnrinde», als Haut des Gehirns. Viele falsche Fährten,
die uns wiederum daran erinnern, dass der Cortex
nichts Geringeres ist als der Wächter unseres komplexen geistigen Lebens. Als erforderte schon allein der
Versuch, ihn zu definieren, dass man sich dieser Komplexität bedient.

«Du bist selbst ein falscher Freund!», könnte er
letztlich auf das erwidern, was ich am Anfang dieses
Kapitels über ihn gesagt habe.

Botschaft angekommen, sehr verehrter Cortex!
Wenn man es recht bedenkt, dann haben Sie den Titel
«Bester Freund unserer Psyche» wirklich verdient!

DIE BASALGANGLIEN

Die Gehirnoberfläche besteht aus dem CORTEX, einer hellgrauen Rinde, die sich aus Dutzenden Milliarden eifrig miteinander kommunizierenden NEURONEN zusammensetzt, auf die die Bezeichnung kleine graue Zellen zurückgeht. In der Tiefe des Gehirns befindet sich jedoch noch eine weitere Gruppe von Kernen, die gleichfalls aus Neuronen besteht. Auch diese Kerne sind grau, da sie nur die grauen Körper der Neuronen enthalten, nicht aber deren lange Schwänze (ihre Axone), die ein isolierender weißer Mantel umhüllt (das in der Gliazelle gebildete Myelin) und die in Form von weißen Strängen aus dem Kern austreten.

Diese tiefen Kerngebiete kommunizieren mittels der weißen Stränge mit den Neuronen des Cortex. Der Vorhang geht hoch, die Vorstellung kann beginnen. Und das Bühnenbild ist grau und weiß.

Unter Basalganglien versteht man genau diese tiefen grauen Kerngruppen. Es ist eine Art Familienname für die verschiedenen Kategorien der Ganglien, die allesamt überaus sprechende Vornamen haben: der linsenförmige Kern (also geformt wie eine Linse), das Pallidum, der Thalamus («Schlafgemach» auf Griechisch), der Luys-Körper, der Meynert-Basalkern, der Nucleus caudatus, der Locus niger usw. Das komplizierte anatomische Kauderwelsch der Gehirnbasis.

Wenn Sie nun etwas ratlos vor diesem Familienfoto stehen und trotzdem noch entschlossen sind, die Beziehungen zwischen Cortex und Basalganglien zu begreifen, schlage ich Ihnen vor, einige Farben in das grau-weiße Fotoalbum zu tupfen und sich diese in Gestalt eines Verkäufers vorzustellen, der Heliumballons an Kinder verkauft.

Der Verkäufer hält Dutzende Fäden in der Hand, deren andere Enden mit den kostbaren Ballons verbunden sind. Wenn diese Ballons nun die Neuronen Ihres Cortex darstellen, ist der Ballonverkäufer kein anderer als die genannten Basalganglien, und die Fäden wiederum sind die Axone der Neuronen. Sobald der Verkäufer die Hand öffnet, fliegen die Ballons davon und sind somit auch nicht mehr untereinander verbunden. Ohne Basalganglien sind die Neuronen des Cortex außerstande, miteinander auf die normale Art und Weise zu kommunizieren. Verschiedene Störungen sind die Folge: Bewegungsstörungen, kognitive Funktionen und Aufmerksamkeit werden beeinflusst.

Warum? Weil die Kommunikation im Cortex sich sowohl direkt – also im Austausch innerhalb des Cortex selbst – als auch über den Umweg der Basalganglien abspielt. Diese kleinen, tiefen Strukturen, die Informationen empfangen und Informationen zurück in den Cortex senden, sind auf diese Weise indirekt dazu in der Lage, große und weit auseinanderliegende Bereiche der Großhirnrinde miteinander zu verbinden.

Bei Erkrankungen der Basalganglien zielt die Behandlung meist genau darauf ab, die Störungsfunktion dieser Informationsschleifen zu beheben. Die bekannteste Erkrankung ist die Parkinson-Krankheit. Alim-Louis Benabid und Pierre Pollak, zwei französische Mediziner – an dieser Stelle schwenken wir ein Fähnchen! –, haben ein revolutionäres Verfahren entwickelt, um die Krankheit zu behandeln; es besteht darin, ein winziges Kerngebiet der Basalganglien elektrisch zu stimulieren.

Durch diese elektrische Stimulation erhält der Patient seine Bewegungsfähigkeit wieder zurück, die auch, um in unserem Bild zu bleiben, dem Ballonverkäufer dabei hilft, seine Hand fest zu schließen, damit der Cortex besser funktioniert.

Die Hand fest zu schließen und alle Fäden in der Hand zu behalten. Alle Neuronen.

Aus den Tiefen des Gehirns heraus arbeiten diese winzigen, solidarischen Arbeiter, die Basalganglien, unablässig daran, ihre Cousins im Cortex zu schützen. Selbst wenn es nicht das letzte Gefecht ist, so liefern sie mit ihrer unaufhörlichen Anstrengung doch einen Beitrag, und wahrlich keinen geringen, für die Menschheit.

DER HIPPOCAMPUS

Der Hippocampus – das «Seepferdchen».

Ein Seepferdchen ist schon als solches ein komisches Lebewesen, wenn man es sich genauer ansieht, aber dann noch ein Seepferdchen, das nicht mal … im Meer schwimmt, sondern in unserem Gehirn? Ist das nicht ein bisschen zu viel Abrakadabra?

Keineswegs, Sie können den Schnorchel getrost abnehmen, die Sache spielt sich wirklich im Gehirn ab.

In die Tiefen unserer Temporallappen geschmiegt, befindet sich tatsächlich der Sitz der beiden Hippocampi (einer rechts, der andere links). Das sind, genauer gesagt, zwei kleine Areale, deren Form der Gestalt eines Seepferdchens verblüffend nahekommt. Diese niedlichen kleinen Gehirnfischchen sind in Wirklichkeit wahre «Gedächtnispaläste». Damit ich mich Ihnen verständlich machen kann, ist es notwendig, dass wir uns jetzt in Paparazzi verwandeln und den Hippocampi und ihrem Doppelleben nachstellen.

Alles begann im Jahr 1953, als einem jungen Amerikaner, der unter epileptischen Anfällen litt, beide Hippocampi operativ entfernt wurden. Der chirurgische Eingriff erwies sich als äußerst wirksam, denn die Anzahl seiner epileptischen Anfälle ließ bis zu seinem Tod im Alter von 82 Jahren stark nach. Allerdings hatte der Eingriff auch furchtbare Folgen, denn nach der Operation war es dem Mann unmöglich, sich auch nur an das geringste neue Ereignis in seinem Leben zu erinnern! Daher wissen wir, dass die beiden Hippocampi absolut unerlässlich bei der Bildung bewusster neuer Erinnerungen sind. So viel zum ersten Leben der Hippocampi.

1971 dann fand der Biologe John O'Keefe bei Versuchen an Ratten heraus, dass die NEURONEN im Hippocampus den Tieren als eine Art Orientierung für ihre Position im Raum dienten. Diese Neuronen erhielten den Namen *place cells*, «Orientierungszellen». Diese Orientierungszellen finden sich auch im menschlichen Hippocampus und sind gewissermaßen das GPS, das globale Positionsbestimmungssystem, unseres Gehirns: Dank dieser Navigationshilfe wissen wir stets, wo wir uns befinden, wir können uns orientieren, uns an Orte erinnern und uns Orte vorstellen. So viel zum zweiten Leben der Hippocampi.

Das ist eine überaus wichtige wissenschaftliche Entdeckung: Unser EPISODISCHES GEDÄCHTNIS und unsere Orientierung im Raum lagern in ein und demselben System in unserem Gehirn.

Ein anschauliches Beispiel?

Während wir uns tagtäglich bewegen und die Szenen unseres Lebens erleben, codiert das GPS in unserem Gehirn unsere Routen. In der Nacht, während wir tief schlafen, schaltet sich das GPS wieder ein und spielt im Schnelldurchlauf alle Wege in Zeit und Raum, alle Bahnen des vergangenen Tages ab. Hunderte und Aberhunderte von Malen. Durch das nächtliche «re-

play» wird unsere episodische Erinnerung an den vergangenen Tag gefestigt. Auf diese Weise unterstützt
das räumliche Gedächtnis die Erinnerung an unsere
durchlebten Ereignisse!

Bereits in der Antike stellte Cicero fest, dass man
eine lange Rede besonders gut auswendig lernt, wenn
man während des Einstudierens einen fiktiven Spaziergang an einem vertrauten Ort (einer Straße, einem
Haus) macht und jedes Teilstück des fraglichen Textes
an einer bestimmten Etappe dieser geistigen Wande-
rung ablegt. Das ist die sogenannte «Loci-Methode»,
die auch heutzutage noch benutzt wird – und die man
auch als «Gedächtnispalast» bezeichnet.

Durch einen erstaunlichen Zufall wurde die Entdeckung des Doppellebens der Hippocampi 2014 gleich
zweifach mit dem Nobelpreis ausgezeichnet! In diesem
Jahr erhielten John O'Keefe sowie das Ehepaar Moser
den Nobelpreis für die Entdeckung der Orientierungszellen.

Wissen Sie noch, wer 2014 der Nobelpreisträger für
Literatur war?

Patrick Modiano!

Nun ist Modiano zwar nicht der einzige Schriftsteller, der sich mit dem Gedächtnis beschäftigt, aber
er verknüpft auf ganz besondere Weise das episodische
Gedächtnis mit der Erinnerung an die jeweiligen Orte,
an denen wir uns aufhalten. Modiano ist der wahre
Autor des Doppellebens unserer Hippocampi!

DER FRONTALLAPPEN

Bei der Überlegung, wie sich der Ausdruck «Frontallappen» wohl am besten in gängigen Sprachgebrauch übersetzen lässt, kam mir der Gedanke, dafür nicht auf ein Wörterbuch, sondern auf die Werke Epikurs und Horaz' zurückzugreifen. Seien Sie unbesorgt, wir werden schon auf die Füße fallen oder besser gesagt auf das Gehirn, und zwar, ohne uns dabei wehzutun!

Epikur und Horaz waren Verfechter einer Philosophie, die uns dazu einlädt, die natürlichen, einfachen und unmittelbaren Freuden des Daseins zu genießen. Wir sollen uns an der Gegenwart erfreuen, die wir so häufig aus den Augen verlieren, weil wir zu sehr damit beschäftigt sind, einem zukünftigen, hypothetischen und nicht selten wahnhaften Glück hinterherzujagen.

Erinnern Sie sich an die berühmten Maximen der beiden:

Carpe diem, «Genieße den Tag»
Hic et nunc, «Hier und Jetzt»
In medias res, «Ohne Umschweife zur Sache»

Wenn ich an dieser Stelle an Epikur und Horaz denke, dann deshalb, weil eine neurologische Lesart ihrer Philosophie den Verdacht erwecken könnte, die beiden würden das Verhalten von Patienten mit Frontallappenschäden verherrlichen.

Sehen wir uns die Sache einmal genauer an.

Wie der Name schon sagt, befindet sich der Frontallappen unmittelbar hinter der Stirn. Er beansprucht beinahe ein Drittel des gesamten Hirnvolumens und ist für komplexe geistige Funktionen verantwortlich.

Für die einen der Sitz der «Freiheit», für die anderen Hort der «Zivilisation», wird der Frontallappen nicht selten mit Superlativen überhäuft. Woher kommen sie?

Aus der Beobachtung sogenannter «Frontal»-Kranker, unter denen man Patienten versteht, deren Frontallappen geschädigt sind.

Den Neurologen Alexander Romanowitsch Lurija, François Lhermitte und Antonio Damasio verdanken wir die präzisen Beschreibungen des frontalen Syndroms. Der betroffene Patient ist meist in der Lage, zu gehen, zu sprechen, zu sehen und zu hören. Auf den ersten Blick hat er keine sichtbaren Behinderungen. Stattdessen bereitet es ihm unglaubliche Schwierigkeiten, sich dem Hier und Jetzt zu entziehen. Stellt man einen Teller mit Essen vor ihm auf den Tisch, verputzt er alles restlos, selbst wenn er keinen Hunger hat. Reicht man ihm, ohne weitere Anweisungen, ein Blatt Papier und einen Stift, fängt er an zu schreiben. Bringt man ihn in ein Zimmer, in dem ein Bett steht, zieht er sich aus und legt sich schlafen. Und so weiter. Patienten mit Frontalhirnsyndrom fallen häufig dem sogenannten Gebrauchsverhalten zum Opfer. Jede Situation, die eine bestimmte Handlungsweise nahelegt, wird von dem Patienten als eindeutiger Befehl wahrgenommen, und er unterwirft sich dem Zwang dieser unmittelbaren Gegebenheiten, der Tyrannei der Gegenwart. Das ist die Ursache für ein Verhalten, das manchmal als hemmungslos beschrieben wird (etwa den Geschlechtstrieb, das Nahrungsverhalten oder gesellschaftliche Konventionen betreffend). In Wirklichkeit ist das alles jedoch auf ein festes Prinzip zurückzuführen: Patienten mit einem Frontalhirnsyndrom sind im Hier und Jetzt gefangen. Sich selbst überlassen sind sie apathisch, also unfähig zu jeglichem spontanen Verhalten.

Zu Beginn der Achtzigerjahre trieb François Lhermitte die Beschreibung dieses Gebrauchsverhaltens im wahrsten Sinne des Wortes auf die Spitze: Er legte eine aufgezogene Spritze auf einen Tisch und präsentierte anschließend einer Patientin sein blankes Hinterteil. Diese nahm prompt die Spritze, um sie zu injizieren. Lhermitte hielt die Sequenz mit der Kamera fest und veröffentlichte die Fotos in einer Zeitschrift namens – so schön könnte das einfach niemand erfinden – *Annals of Neurology!*

Patienten mit Frontalläsionen sind also auf tragische Weise in der Gegenwart, im «Hier und Jetzt» gefangen. Sie können gar nicht anders, als «ohne Umschweife zur Sache zu kommen» und den «Tag zu genießen». Diese Unterwerfung unter unmittelbare Gegebenheiten kostet sie weder Mühe, noch bedarf es dazu eines philosophischen Grundwissens, sondern die Ursache dafür ist, ganz einfach und traurig, die Läsion der Frontallappen.

Im Gegensatz dazu können Personen mit intakten Frontallappen sich kraft ihres Willens aus dem Hier und Jetzt hinausdenken und haben ihr Verhalten im Griff. Sie können sich eine Welt vorstellen und gedanklich erschaffen, die noch nicht existiert.

Ob Epikur und Horaz in den bedauernswerten Patienten mit Frontalhirnsyndrom eine Art Übermenschen sehen würden, denen es gelungen ist, ihre Lehre vom unmittelbaren Glück erfolgreich zu verwirklichen?

Selbstverständlich nicht. Diese Einstellung war für unsere beiden Philosophen das Ergebnis einer freiwilligen Entscheidung und keineswegs ein Verhalten, das durch einen unkontrollierbaren Reflex ausgelöst wird.

Ich glaube daher, anders ausgedrückt, dass uns Epikur und Horaz dazu auffordern möchten, unsere erstaunliche Fähigkeit, uns dem unmittelbaren Hier und Jetzt zu entziehen (eine Fähigkeit, welche die Funktionsfähigkeit unserer Frontallappen voraussetzt, wie ich hier noch einmal unterstreichen möchte!), zu nutzen, um anschließend das Beste aus der unmittelbaren Gegenwart zu machen! Wir sollen bei freiem Willen und im Vollbesitz unserer geistigen Kräfte das Jetzt genießen, statt uns unter das Joch der Gegenwart zwingen zu lassen.

Ganz egal, ob Sie für oder gegen den Epikureismus sind, nun wissen Sie jedenfalls, dass ganz besonders funktionstüchtige Frontallappen die Voraussetzung für dessen praktische Umsetzung sind! Den Frontallappen verdanken wir es gewissermaßen, dass wir Epikureer sein können. Oder eben nicht …

DER BALKEN (CORPUS CALLOSUM)

Das Corpus callosum wird auch «Balken» genannt, und es verdankt diese Bezeichnung seiner Position im Gehirn, weil er dort wie eine verbindende Struktur, wie ein Riegel zwischen zwei Hemisphären, den beiden Großhirnhälften, liegt. Ein wenig lässt er sich mit einem Keil vergleichen, den man im Café unter den Tisch klemmt, um ihn zu stabilisieren.

Auf dieselbe Weise sorgt der Balken für Stabilität zwischen den beiden Hemisphären unseres Gehirns, aber er sorgt vor allen Dingen für ein ausgewogenes geistiges Leben. Für ein kohärentes geistiges Leben. Der Balken ist wie ein Schwebebalken in unserem Gehirn. Auf ihn gestützt, können wir mit geistigen Turnübungen glänzen. Ich gestehe, dass der Vergleich etwas hinkt, aber behalten wir fürs Erste im Gedächtnis, dass der Balken in unserem Gehirn eine Art Keil ist, vergleichbar etwa einem Türkeil oder einer Buchstütze.

Damit wir verstehen, warum der Balken die ausgleichende Funktion eines Keils hat, muss hier noch einmal deutlich gesagt werden, dass unser Gehirn aus zwei Teilen, den sogenannten Hemisphären besteht, die durch eine engmaschige, neuronale Verkabelung miteinander kommunizieren. Diese neuronale Verkabelung besteht aus Milliarden Axonen (den Schwänzen der NEURONEN), umhüllt von einem Mantel aus Myelin (das Isoliermaterial der Axonen). Und der Balken ist nichts anderes als diese berühmte Verkabelung.

Um schwere Fälle von Epilepsie zu behandeln, wurde früher ein chirurgischer Eingriff vorgenommen, der inzwischen so gut wie nicht mehr durchgeführt wird. Bei diesem Eingriff wurde der Balken operativ durchtrennt. Man spricht hier von Spalthirnpatienten (*splitbrain* auf Englisch), mit anderen Worten: Patienten mit einem geteilten Gehirn.

Lange Zeit schien es, als seien diese Patienten nach der Operation unversehrt, als hätte sich ihr Zustand verbessert. In Wahrheit jedoch bedeutet ein derartiger Eingriff in zahlreichen Fällen, dass unter einem Schädeldach zwei verschiedene BEWUSSTSEINE sind, zwei Persönlichkeiten, die, beinahe gleichzeitig, ein jeweils eigenes geistiges Leben führen. In jeder Hemisphäre sitzt ein Bewusstsein!

Zwei voneinander «ent-koppelte» Bewusstseine, denen die Koppelung, der Balken, fehlt!

Zwei Bewusstseine also, von denen sich nur eines über die Sprache ausdrückt, deren Zentrum bei den meisten Menschen in der linken Gehirnhälfte liegt. Für Beobachter ist es daher bedeutend einfacher, die bewusste Denktätigkeit dieser linken Hemisphäre zu untersuchen – wortgewandt, wiewohl abgetrennt –, als die der rechten Hemisphäre, deren Denktätigkeit jedoch nicht minder komplex ist. Beispielsweise spielt eine besonders kostbare Region im Cortex des rechten Frontallappens eine Schlüsselrolle bei der Ausbildung der Kritikfähigkeit. Bei Split-brain-Patienten mit eingeschränkter Kritikfähigkeit führt das zu Handlungen, bei denen sie verarbeitete und verbalisierte Informationen der linken Hemisphäre nicht umsetzen können.

Durch Beobachtungen an solchen Patienten machte der Neuropsychologe Richard Sperry übrigens die bahnbrechende Entdeckung, dass jede unsere beiden Hemisphären auf verschiedene Funktionen spezialisiert ist. Das brachte ihm 1981 den Nobelpreis ein.

Inzwischen ist seine Entdeckung so berühmt, dass sie regelmäßig auf dem Cover zahlreicher Zeitschriften auftaucht und dabei nicht selten groteske Titel trägt: «Sind Sie eher links- oder rechtshirnig?»

Bei Split-brain-Patienten führt diese Koexistenz von zwei getrennten Bewusstseinen mitunter sogar zu einem mehr oder weniger deutlichen offenen Konflikt: Beispielsweise kann die rechte Hand des Patienten – gesteuert von der linken Hemisphäre – eine Kühlschranktür öffnen, während seine linke Hand – gesteuert von der rechten Hemisphäre – dieselbe Tür schließt. Sturm unter der Schädeldecke oder besser gesagt Stürme unter der Schädeldecke.

Ebenso kann es geschehen, und glücklicherweise ist das weitaus seltener der Fall, dass eine der beiden Persönlichkeiten in derselben Schädelhöhle und demselben Körper mit der anderen in Streit gerät. Denken Sie an die berühmte Szene mit Peter Sellers als Dr. Seltsam in dem Film *Dr. Seltsam oder: Wie ich lernte, die Bombe zu lieben* von Stanley Kubrick: Dr. Seltsam versucht, sich mit der einen Hand selbst zu erwürgen, während die andere Hand das Verbrechen verhindern will. Split-brain-Patienten machen uns deutlich, wie klein der Schritt von der Science-Fiction zu unseren neurowissenschaftlichen Fiktionen ist. Einen Schritt, den wir bald im Kapitel «NEURO-SCIENCE-FICTION» machen werden.

Wie so häufig in der Neurologie, hat man die Funktion des Balkens erst begriffen, als man feststellte, welche Folgen es hat, wenn er nicht mehr richtig funktioniert. Auf der Bühne unseres geistigen Lebens ist der Balken hinter den Kulissen für die Einheit unserer subjektiven Identität verantwortlich. Wie ein Schriftsteller, der gerade dann am besten ist, wenn der Leser seine Anwesenheit nicht mehr bemerkt, verhüllt der Balken die Vielfalt der sich in uns abspielenden Prozesse vor unseren Blicken.

Um das Kapitel mit einem letzten Wortspiel abzuschließen: Ohne den Balken ist zwischen den beiden Hemisphären zu viel Spiel im Spiel, und wie ein Keil schiebt sich der Balken dazwischen, um die Einheit unseres Ichs herzustellen.

DER VISUELLE CORTEX

Um den visuellen Cortex zu verstehen, müssen wir uns zunächst damit auseinandersetzen, wie wir die Welt wahrnehmen. Und das meine ich nicht im übertragenen Sinne, so wie Sie es bestimmt schon bei Tischgesprächen nach einem guten Essen gehört haben: «Wie sehen Sie denn die Welt von heute, mein Bester?» Nein, ich möchte hier ganz banal über die Art und Weise sprechen, wie Sie die Welt mit Ihren Augen sehen, wahrnehmen, beobachten, betrachten, sie mustern, flüchtig mit einem Blick streifen, anstarren, sich einen Reim darauf machen … also, wohlverstanden, mit Ihren Augen und mit Ihrem Gehirn! Noch genauer gesagt mit Ihrem visuellen Cortex, denjenigen Bereichen Ihres CORTEX, die mentale Bilder aus visuellen Szenen nachbauen.

Fangen wir mit einer verblüffenden Tatsache an: Raten Sie mal, wo die Bereiche Ihres Cortex liegen, die als Erste die von Ihren Augen kommenden Informationen erhalten. Sie befinden sich mitnichten in der vorderen Region des Gehirns, also hinter den Augen, sondern im hintersten Teil Ihres Gehirns, so weit wie möglich von Ihren Augenhöhlen entfernt, unmittelbar vor Ihrem Occiput (dem Hinterhauptbein, einer knochigen Ausbuchtung am Hinterkopf, die Sie betasten können, während Sie dies lesen)!

Als ich Ende der Achtzigerjahre Medizin studierte, wagten unsere Professoren, wenn es um das Thema Sehen ging, sich kaum je über den okzipitalen Cortex hinaus. Ein bisschen wie auf mittelalterlichen Weltkarten ahnte man damals bereits, dass sich hinter dieser Region, auch primärer visueller Cortex genannt, allerlei abspielte. Genaueres wusste man darüber aber nicht, und vor unserem geistigen Auge ersetzten große Fragezeichen die Drachen und anderen Meeresungeheuer dieser *terra incognita*.

Dann hat sich alles innerhalb von ein paar Jahren mit einem Schlag verändert! Ungelogen. Plötzlich legten die Neurowissenschaften eine einfach verblüffende Karte des Gehirns vor, verblüffend nicht aufgrund märchenhafter Wesen, sondern verblüffend aufgrund der Fülle an Beschreibungen.

Von einem einzigen visuellen Bereich sind wir inzwischen zu über zwanzig verschiedenen Bereichen des visuellen Cortex gelangt.

O weh! Das wird ja ganz schön verzwickt, sagen Sie sich jetzt vielleicht.

Keine Sorge! Eine verblüffende Karte aufgrund Ihrer Fülle, wie gesagt, aber eben auch eine äußerst intelligente und somit einfach zu lesende Karte.

Wir verdanken sie zwei amerikanischen Neuroanatomen, Leslie Ungerleider und Mortimer Mishkin. Die beiden Wissenschaftler hatten begriffen, dass sich das komplexe Mosaik der Gehirnregionen, die allesamt miteinander verbunden sind (denken Sie an die Fassade des Centre Pompidou!), im Wesentlichen auf zwei visuelle Systeme, auf zwei Bahnen reduzieren lässt.

Die visuelle Ventralbahn lässt uns Objekte erkennen: Wir wissen, dass ein Gesicht ein Gesicht ist, eine Frau eine Frau – und kein Hut von Oliver Sacks! –, wir erkennen ein Rhinozeros, ein Telefon, ein Symbol als solches und können ein Wort lesen. Das alles gehört zu den Aufgaben der visuellen Ventralbahn, die auch als *What Pathway*, also als Was-Bahn bezeichnet wird: Was ist das, was mir da gegenübersteht?

Jetzt könnten sich einige unter Ihnen berechtigterweise fragen: Verflixt noch mal, wozu braucht man dann überhaupt eine zweite Bahn? Was gibt es in der Welt noch zu sehen, wenn ich doch schon in der Lage bin, alle Objekte und Personen eindeutig zu erkennen, aus denen sich diese Welt zusammensetzt? Mir genügt die Ventralbahn vollauf, besten Dank!

Von wegen! Großer Irrtum!

Zusätzlich zu dieser betrachtenden, visuellen Landkarte, analysiert nämlich die Dorsalbahn, oder auch Wie-Bahn *(How Pathway)* genannt, die Welt unter dem Gesichtspunkt der Bewegung. Die Dorsalbahn unterstützt Ihre Fähigkeit, präzise, schnelle und häufig auch unbewusste Bewegungen auszuführen.

Ein kleines Beispiel? Wenn Sie eine Tennispartie mit einem Schmetterball gewinnen, gerade noch rechtzeitig einem Hundehäufchen ausweichen, indem Sie im letzten Moment Ihren Fuß mit einer blitzschnellen Ausweichbewegung seitlich setzen (falls Sie das schaffen!), dann ist Ihre Geschicklichkeit auf die Dorsalbahn zurückzuführen, die Wie-Bahn, nicht auf die Ventralbahn, die Was-Bahn. Letztere spielt hier die eher untergeordnete Rolle eines Beobachters, der nicht eingreifen kann.

Halten wir zum Schluss noch fest, dass unsere beiden visuellen Bahnen nicht strikt voneinander getrennt sind. Sie schalten sich ein, je nachdem, ob Sie etwas eher kontemplativ oder aktiv betrachten.

Womit ich hoffentlich dazu beigetragen habe, Ihnen neue Wege zu Ihrem eigenen Sehvermögen zu bahnen.

DAS BROCA-AREAL

Schick! In diesem Kapitel lernen wir einen Begriff kennen, der auf einen Namen zurückgeht: Broca. Ein Eigenname, im Unterschied zu den Fachbegriffen, von denen wir inzwischen schon etliche kennen und die alle eines gemeinsam haben: Man kann sie sich nur ziemlich schlecht merken. SYNAPSE, CORTEX, BASALGANLIEN, CORPUS CALLOSUS und so weiter und so fort.

Wer Eigennamen sagt, der sagt auch kurze Geschichte, untrennbar mit der allgemeinen Geschichte verbunden.

Wobei sich gleich zeigen wird, wie außergewöhnlich das Leben von Paul Broca war.

Broca wurde 1824 als hochbegabter Sohn eines Militärchirurgen geboren, der in der Armee Napoleons diente. Die junge kaiserliche Armee, die von herausragenden, fünfundzwanzigjährigen Marschällen kommandiert wurde, scheint nicht ohne inspirierende Wirkung auf Brocas Werdegang geblieben zu sein. Als Zwanzigjährigen sehen wir ihn in den Straßen von Paris, mit dem Uni-Abschluss in Medizin in der Tasche, mit achtundzwanzig ist er bereits Chirurg und Dozent. Als echter Tausendsassa erstattet er der Akademie der Wissenschaften Bericht über den ersten chirurgischen Eingriff unter Hypnose! Unmittelbar darauf gründet er die Société d'anthropologie und wird als Erster nachweisen, dass Schädeltrepanationen (die operative Öffnung des Schädels) bereits im Neolithikum stattfanden. Er leistet bedeutende Beiträge zur Erforschung von Primatengehirnen. Er erfindet ein frühes und etwas merkwürdiges bildgebendes Verfahren des Gehirns; es bestand darin, ein Thermometer auf den Kopf einer Versuchsperson zu legen, um auf diese Art herauszufinden, welche Gehirnbereiche sich «erwärmten», wenn man die Person bat, etwas auszurechnen oder zu lesen. Damit nicht genug, war Broca auch politisch aktiv und wurde zum Senator auf Lebenszeit gewählt.

Broca hatte Ähnlichkeit mit einer Sternschnuppe, denn er starb ganz plötzlich, im Alter von nur sechsundfünfzig Jahren.

Paul Broca hätte auch Pierre Niox heißen können, wie die Hauptfigur von Paul Morands Roman *Der Mann in Eile*. Der rastlose Broca legte nicht nur Arbeiten voller Irrtümer vor, sondern auch solche, in denen er unverhohlen mit der rassistischen Ideologie liebäugelte. Inzwischen sind viele seiner Schriften in Vergessenheit geraten, und wenn der Name Broca auch heutzutage noch bekannt ist, so hat das einen einfachen Grund!

Es liegt am Broca-Areal. Dabei handelt es sich um einen Bereich des Gehirns, der nicht minder faszinierend ist wie sein Namensgeber.

Broca hatte einen Patienten, der ganz plötzlich kein einziges Wort mehr sprechen konnte, obwohl sein Sprachverständnis nicht beeinträchtigt zu sein schien. Der Patient trug den Spitznamen Tan-Tan, weil er nur diese eine Silbe «Tan» wiederholen konnte. Broca hatte die Eingebung, dass diese isolierte Einschränkung der sprachlichen Fähigkeiten auf eine präzise zu bestimmende Schädigung eines isolierten Gehirnbereichs zurückzuführen war. Nach dem Tode des Patienten entdeckte er bei der Autopsie Schäden im linken FRONTALLAPPEN. Somit war der erste Ort der Sprachproduktion im Gehirn gefunden, dem wir im Kapitel über das ZWEISPRACHIGE GEHIRN erneut begegnen werden: das Broca-Areal. Die Entdeckung schlug damals wie eine Bombe ein und führte sofort zu heftiger Kritik, die auch heute noch, mehr als ein Jahrhundert später, nicht verstummt ist.

Einige bestreiten Brocas Urheberschaft an der Entdeckung.

Andere stellen den Zusammenhang zwischen der Läsion des Gehirns und dieser besonderen Form der Aphasie in Frage.

Tan-Tans Gehirn, das erst als verloren galt und sich kürzlich in einer Flasche mit Formalin in einem Schrank wiedergefunden hat, wurde mit Scannern und MRI (Magnetic Resonance Imaging) untersucht!

Inzwischen verfügen wir über sehr genaue Kenntnisse des Broca-Areals. Wir betrachten es nicht mehr als isoliert, sondern als Teil eines umfassenden sprachlichen Netzwerks innerhalb des Gehirns.

Bei Patienten mit Aphasie deutet die Möglichkeit der Heilung auf die PLASTIZITÄT DES GEHIRNS hin, außerdem hat sich gezeigt, dass die Grenzen des Broca-Areals ungenauer sind als ursprünglich gedacht.

Neue Studien legen die Vermutung nahe, das Broca-

Areal könnte insbesondere bei der Syntax, also der Fähigkeit, Symbole mit Hilfe von Regeln zu verknüpfen, eine Schlüsselrolle spielen. Diese Funktion betrifft natürlich die Sprache, aber eben nicht ausschließlich!

Kurzum, das Broca-Areal, das im Jahr 1861 das Licht der Welt erblickte, führt in den Neurowissenschaften nach wie vor ein bewegtes Leben mit vielen überraschenden Wendungen! Ironischerweise haben wir von dem Namensgeber selbst, Paul Broca, ein gleichsam einbalsamiertes Bild, wie ein angestaubtes Porträt auf dem Dachboden der Neurologie. Ein alles in allem paradoxes Schicksal für das Broca-Areal, diesen auf die Sprache spezialisierten Bereich des Gehirns.

3

STOFF FÜR MYTHEN

Wahres und Falsches rings um die kleinen grauen Zellen

NEUROIMAGING –
BILDGEBENDE VERFAHREN

Seit ich als Neurologe und Wissenschaftler arbeite, habe ich öfters Diskussionen miterlebt, in deren Verlauf mich Gesprächspartner, die nicht vom Fach waren, über das Gehirn befragt haben. Dabei fallen mit schöner Regelmäßigkeit und einer geradezu beunruhigenden Vertrautheit die Namen der raffiniertesten Werkzeuge des Neuroimaging: Magnetresonanztomographie (MRT), Positronenemissionstomographie (PET), Computertomographie (CT) oder Elektroenzephalographie (EEG). Während des Gespräches wird mir dann jedoch rasch klar, dass die Vertrautheit mit dem Vokabular der bildgebenden Verfahren reine Fassade ist, hinter der sich eine ungeheure Ratlosigkeit in Bezug auf die tatsächliche Bedeutung dieser technischen Verfahren verbirgt. Als bildete die offensichtliche Klarheit, mit der es uns diese technischen Apparate ermöglichen, in das Gehirn hineinzusehen, eine Art Schirm, der ein klares, gründliches Verständnis für die Möglichkeiten der Apparate selbst nahezu blockiert.

Wie verhält es sich bei Ihnen? Ist das Bild, das Sie sich von diesen Verfahren machen, denn wirklich so gestochen scharf wie die Bilder, die sie bestenfalls hervorbringen? Welcher Unterschied besteht Ihrer Ansicht nach zwischen MRT, PET, CT und EEG?

Um diese Verfahren und die entsprechenden Geräte voneinander zu unterscheiden, macht man sich am besten zunächst bewusst, was sie eigentlich untersuchen sollen: die Struktur des Gehirns oder seine Funktionsweise?

Unter Struktur versteht man die Anatomie des Gehirns und unter Funktionsweise die Aktivitäten der Nervenzellen, aus denen es sich zusammensetzt, insbesondere die Aktivität der NEURONEN.

Das sollte man als erste Orientierungshilfe im Kopf haben, wenn man sich in der Welt des Neuroimaging zurechtfinden will. Der Hinweispfeil «Struktur» führt uns zu drei grundlegenden Werkzeugen: Zwei davon, die Computertomographie und das EEG, liefern uns lediglich Informationen über die Struktur des Gehirns, während das MRT die Struktur des Gehirns *und* seine Funktionsweise analysiert, wie wir im weiteren Verlauf unseres Werkstattbesuchs sehen werden. Das ist der eine wesentliche Unterschied. Die anderen beruhen in erster Linie auf den Entstehungsgeschichten dieser Geräte, aus denen ihre jeweilige Funktionsweise ersichtlich wird.

Eine dieser Geschichten geht auf das Ende des 19. Jahrhunderts zurück, als Röntgenstrahlen zum ersten Mal Radiographien des Schädels möglich machten. Das war zwar ein großer Fortschritt, aber es blieb trotzdem ein schwieriges Unterfangen, die Anatomie eines Kopfes zu erraten, wenn man sich für die Analyse des Kopfvolumens auf ein einziges Röntgenbild beschränken musste. Beinahe ein Jahrhundert später hatte der englische Ingenieur Hounsfield einen genialen Einfall: Warum nur ein Röntgenbild des Kopfes machen, wenn man doch eine Abfolge von Bildern herstellen konnte, mit Hilfe einer rotierenden Röntgenröhre, während der Kopf des Patienten dabei unbeweglich blieb. Genau das geschieht in einem CT. Auf diese Weise lässt sich der Inhalt eines Kopfes rekonstruieren, ohne dass man ihn öffnen muss. Man kann also auch das Innere des Kopfes, das Gehirn, sehen.

Kaum erhält Hounsfield für diese Entdeckung 1979 den Nobelpreis, da bringt auch schon die nächste geniale Erfindung das Neuroimaging entscheidend voran. Diesmal sind es Mansfield und Lauterbur, ein Physiker und ein Chemiker, die die Bildgebung durch Nuklear-Magnet-Resonanz oder auch MRT ausarbeiten. Die so erzielten Bilder des Gehirns enthalten nun erheblich mehr Informationen als die eines auf Röntgenstrahlen basierenden CT.

Jeder hat diese Bilder schon einmal gesehen, sie sind für unser Gehirn das, was ein Passbildautomat für unsere Identität ist. Das offizielle Format. Die praktische Erfahrung sieht hingegen ganz anders aus. Was genau geschieht, wenn Sie sich in die Röhre eines MRT-Gerätes legen?

Sie befinden sich in einem großen, sehr starken Magneten, der ein einheitliches Magnetfeld um Ihren Körper aufbaut. Die Atome in Ihrem Körper ordnen sich sofort in Richtung dieses Magnetfeldes, wie strammstehende Soldaten. Dann wird plötzlich ein zweites, kurzes senkrechtes Magnetfeld ausgestrahlt, und die gesamte Armee kippt um. Die Schnelligkeit, mit der die Soldaten sich anschließend aufrichten und in Richtung des Magnetfeldes geordnet wieder aufstellen, hängt von den Eigenschaften ihres unmittelbaren chemischen Umfeldes ab. Genau diese Eigenschaften werden auf einem MRT abgebildet. Diese Bilder wiederum – an dieser Stelle sei noch einmal daran erinnert – dienen ebenso wie die eines Computertomographen dazu, Informationen über die Struktur des gesunden oder aber kranken Gehirns zu liefern. Sie erkennen und lokalisieren eventuelle Schädigungen, beispielsweise einen Schlaganfall, ein Aneurysma oder einen Gehirntumor. Solche düsteren Aussichten tragen nicht wenig zu der Unruhe bei, die Untersuchungen wie ein MRT verständlicherweise auszulösen pflegen, und ich kann nur hoffen, dass die Metapher der strammstehenden Soldaten diese Unruhe nicht verstärkt.

Eine weitere Anwendungsmöglichkeit des MRT besteht darin, nicht die Struktur des Gehirns zu untersuchen, sondern zu beobachten, wie dynamisch es arbeitet. Dafür werden die Parameter des MRT-Gerätes so abgeändert, dass sie Bilder zeigen, die uns über die Sauerstoffkonzentration an jeder kleinsten Stelle unseres Gehirns informieren.

Man spricht in diesem Fall von einem funktionellen MRT, dem sogenannten fMRT. Diese Bilder von unseren Gehirnaktivitäten sind zwar millimetergenau, zeitlich gesehen jedoch sehr unpräzise. Jedes Bild ist wie ein Foto mit langer Entwicklungszeit, auf dem sich alles ablagert, was in den vorhergehenden zehn Sekunden geschehen ist.

Da diese zeitliche Unbestimmtheit Probleme bereitet, greifen wir auf ein altes Werkzeug zurück, das 1929 das Licht der Welt erblickte: die Elektroenzephalographie oder EEG. Ein Elektroenzephalogramm ähnelt der Figur, die Jean Dujardin in *The Artist* darstellt: ein in die Jahre gekommener Star, der nach einer langen Durststrecke auf einmal wieder populär ist.

Warum? Ein EEG kann den Ursprung der gemessenen Gehirnaktivitäten nicht bestimmen. Als uns zuerst der Computertomograph und anschließend das MRT Bilder lieferten, deren räumliche Präzision äußerst beeindruckend war, geriet das EEG in Vergessenheit. Bis man sich irgendwann an seine fabelhafte zeitliche Genauigkeit erinnerte, tausendmal besser als die des MRT.

Das ist der zweite wichtige Hinweispfeil: räumliche Genauigkeit (fMRT) oder zeitliche Genauigkeit (EEG). Will man zum Beispiel vor einem neurochirurgischen Eingriff bei einem Patienten die sprachlichen Bereiche des Gehirns lokalisieren, greift man natürlich auf das … fMRT zurück. Umgekehrt ist das EEG unverzichtbar, um einen epileptischen Anfall zu orten, der manchmal nur wenige Sekunden dauert. In der Forschung werden für ein und dieselbe wissenschaftliche Fragestellung häufig EEG und MRT herangezogen.

Das Neuroimaging lässt sich daher als Windrose mit vier Haupthimmelsrichtungen – vier Kardinalpunkten – beschreiben, die unseren Weg ausschildern: Struktur, Funktion, Raum und Zeit. Vier Wörter, aus denen sich das Akronym SFRZ bilden lässt. Im Unterschied zu dem berühmten Akronym Stendhals – SFCDT, «se foutre carrément de tout» (etwa: alles echt schnurzpiepegal) – soll Sie SFRZ künftig daran erinnern, dass das Universum des Neuroimaging weniger komplex als gedacht und alles andere als SFCDT ist.

DER ZEHN-PROZENT-MYTHOS

Ich mache mich nun daran, den berühmtesten aller Mythen über das Gehirn zu zertrümmern. Diesem Mythos zufolge nutzen wir nur etwa 10 Prozent unserer Gehirnkapazität. Ein Mythos, der leise Schuldgefühle auslösen kann, den aber hauptsächlich ein ungebremster Optimismus kennzeichnet: Wenn wir nämlich nur 10 Prozent unserer Gehirnkapazität nutzen, muss das bedeuten, dass wir noch über ein gewaltiges Potenzial und dementsprechende Leistungsfähigkeit verfügen! So traurig es auch sein mag, ziehe ich es doch vor, Ihnen rundheraus die Wahrheit zu sagen: Wir nutzen in jedem Augenblick 100 Prozent unseres Gehirns! So. Jetzt ist es raus.

Bevor wir zum Kern der Sache kommen, sollten Sie wissen, dass es mir wirklich unangenehm ist, mit diesem Mythos aufzuräumen. Während ich mich damit beschäftigte, musste ich spontan an zweierlei denken. Das Erste war eine Erinnerung: Ich bin noch in der Vorschule und erkläre meinen kleinen Freunden, dass es keinen Weihnachtsmann gibt. Anschließend renne ich einen Flur entlang, verfolgt von einer so aggressiven wie verzweifelten Horde.

Die andere freie Assoziation besteht in einer hirnrissigen Idee: Ich stelle mir vor, ich bin ein Abkömmling von Charles-Henri Sanson, dem berühmtesten Spross dieser Henkersfamilie, der sein Amt unter Ludwig XVI. ausübte und diesen dann auch enthauptete.

Damit will ich Ihnen nur deutlich machen, dass ich mich keineswegs leichtfertig mit Mythen befasse. Bevor wir diesen König unter den Mythen, an den sogar Einstein glaubte, hier zur letzten Ruhe betten, wollen wir zunächst einmal seine Ursprünge ergründen.

Diese gehen nämlich auf eine einfache Überlegung zurück: Der sicherste Weg, die Funktionsweise eines Objektes zu entschlüsseln (sei es ein Gehirn oder eine Waschmaschine), besteht in der Fehleranalyse. Auf das Gehirn angewandt, beugt man sich über eine leider sehr lange Liste möglicher Fehlfunktionen, die auf Unglücksfälle im Leben folgen können: ein Schlaganfall, ein Schädel-Hirn-Trauma, ein Tumor usw.

Was geschieht, wenn das Gehirn überhaupt nicht funktioniert? Diesen Zustand bezeichnet man als Hirntod, da gibt es dann keinerlei Spur geistigen Lebens mehr. Mit der Aussage, dass dann nur noch 0 Prozent des Gehirns «genutzt» werden, ist die Frage tragischerweise sehr leicht zu beantworten.

Schlussfolgerung? Unser Gehirn muss zumindest zu einem gewissen prozentualen Anteil aktiv sein, sonst können wir weder leben noch fühlen oder denken.

Gut, aber zu wie viel Prozent genau?

Die Antwort auf diese Frage greift gewöhnlich auf ein Bestandsverzeichnis zurück, das seit der Geburt der Neurologie im 17. Jahrhundert ständig aktualisiert wird.

Sind die motorischen Regionen des Gehirns geschädigt, ist der Patient gelähmt. Wenn wir also nicht gelähmt sind, nutzen wir diese motorischen Regionen sehr wohl. Die Einschätzung des genutzten Gehirnvolumens erhöht sich um die entsprechende Kapazität der motorischen Region. Nämlich um ein paar Prozent.

Dieselbe Logik wird auch auf die sprachlichen Regionen angewandt, deren Schädigung zur Sprachstörung führt.

Damit kommen noch ein paar Prozent hinzu.

Gleiches gilt für die Regionen, die unseren fünf Sinnen zugrunde liegen.

Und für unser GEDÄCHTNIS.

Und so weiter.

Die ruhmreiche Geschichte der Neurologie lässt sich also unerwarteterweise in einer Wendung zusammenfassen, die so formelhaft ist wie der Gemüsehändler im Gespräch mit seiner Kundin: «Und, was macht das alles zusammen, gnädige Frau? Wir runden das Gehirnvolumen einfach mal um 10 Prozent auf, wäre das recht so?»

Das ist die Geburtsstunde des Zehn-Prozent-Mythos. Und es ist die Geburtsstunde der logischen Konsequenz daraus: Wir benutzen 90 Prozent unseres Gehirn nicht.

Zunächst schien sich diese Annahme durch zahlreiche Beobachtungen bei Gehirnschäden zu bestätigen, die, anders als die vorhin beschriebenen, keine offensichtlichen Konsequenzen im Leben der Patienten hatten. Die Beobachtungen betrafen insbesondere Schädigungen der FRONTALLAPPEN, des größten Hirnlappens unseres Gehirns, den man lange Zeit als eine Art ungenutztes Brachland betrachtete.

Erst seit den Sechzigerjahren haben wir allmählich begriffen, welche zum Teil entsetzlichen Folgen diese zu Unrecht als «still» bezeichneten Läsionen hatten!

Obgleich äußerlich unversehrt und ohne sichtbare Behinderungen, sind Patienten mit solchen Schädigungen in Wahrheit in den menschlichsten Aspekten ihres Lebens stark eingeschränkt: selbstständiges Handeln und Denken, Kritikfähigkeit, Phantasie und Vorstellungskraft, KREATIVITÄT, Humor, die Fähigkeit, sich unmittelbaren Gegebenheiten zu entziehen, das Begreifen und Erfassen von Interaktionen. Mit anderen Worten: alles, was unsere eigentliche Persönlichkeit ausmacht.

Im Gegensatz zur Neurologie der Motorik oder der Sprache hat es bei der Neurologie der Subjektivität viel länger gedauert, bis sie präzise Ergebnisse vorweisen konnte, und aus diesem Grund blieb der «nützliche» und daher auch genutzte Teil des Gehirns lange Zeit auf die berühmte, aber völlig unzutreffende Kapazität von 10 Prozent reduziert.

Aber ist es tatsächlich eine so schlechte Nachricht, dass wir in Wirklichkeit 100 Prozent unseres Gehirns nutzen? Das ist keineswegs sicher.

Wir werden nämlich feststellen, dass wir, auch wenn wir bereits 100 Prozent unserer Gehirnkapazität nutzen, deswegen keineswegs darauf verzichten müssen, diese Kapazität noch besser zu nutzen.

Wie das?

Die PLASTIZITÄT DES GEHIRNS macht es möglich!

Der Mythos der 10 Prozent ist tot, es lebe der Mythos der Plastizität des Gehirns.

DIE PLASTIZITÄT DES GEHIRNS

Im vorhergehenden Kapitel haben wir – so schonend wie möglich – mit dem berühmten ZEHN-PROZENT-MYTHOS aufgeräumt. Am Ende des Kapitels haben wir mit einem leisen Anflug von Optimismus, der Sie womöglich überrascht hat, davon Abschied genommen.

«Wie kann es denn eine gute Nachricht sein, dass wir schon unsere volle Gehirnkapazität nutzen und nicht nur 10 Prozent davon?», haben Sie sich, zweifellos nicht ganz zu Unrecht, gefragt.

Die Antwort auf diese Frage beruht auf einer einfachen Erkenntnis: Selbst wenn die zu 100 Prozent ausgeschöpfte Gehirnkapazität eine Grenze darstellt, insbesondere wenn man sie mit den mythischen 10 Prozent vergleicht, handelt es sich dabei keineswegs um eine unüberwindbare Begrenzung.

Warum nicht?

Weil das zu 100 Prozent genutzte Gehirn sich in Wirklichkeit ständig verändert. Wir benutzen 100 Prozent eines plastischen, nicht starren Gehirns. Das bezeichnet man als die «Plastizität des Gehirns» oder auch als «neuronale Plastizität».

Seit einigen Jahren kursieren allerlei Versionen dieser verheißungsvollen, optimistischen Idee, und zwar in einem solchen Ausmaß, dass man sich fragt, ob es sich hier nicht um ein Remake des «Zehn-Prozent-Mythos», Version 21. Jahrhundert, handelt.

Keineswegs. Ich versichere Ihnen, die Plastizität des Gehirns ist eine Tatsache, eine Realität, der Sie täglich begegnen. Um die Sache anschaulicher zu machen, möchte ich Ihnen etwas vorschlagen.

Betrachten Sie einmal aufmerksam das Bild auf dieser Seite:

Haben Sie auf der Abbildung ein Tier erkannt?

Noch nicht?

Versuchen Sie es noch einmal, sehen Sie ganz genau und konzentriert hin.

Allmählich können Sie etwas erkennen, die Umrisse des fraglichen Tieres zeichnen sich langsam ab?

Sie haben es geschafft?

Ihr Gehirn hat sich angepasst, und es ist ihm gelungen, in dem verschwommenen Bild ein Tier zu erkennen. Sie haben soeben eine der zahlreichen Formen kennengelernt, in der sich die Plastizität des Gehirns äußern kann!

Diejenigen, die nichts in dem Bild erkennen konnten, werden es entdecken, sobald Sie nach unten schauen ...

... und einen Dalmatiner sehen!

Im vorhergehenden Bild waren die Konturen des Tieres in dem schwarz-weißen Hintergrund beinahe aufgelöst, was die Aufgabe, das Bild zu erkennen, für Ihren visuellen Cortex natürlich erheblich erschwerte:

Nun, nachdem Sie den Dalmatiner eindeutig erkannt haben, können Sie das unscharfe Ausgangsbild nie mehr so sehen wie beim ersten Mal. Nicht in einer Woche, nicht in einem Monat, nicht einmal in einem Jahr!

Jede visuelle Darstellung verändert die Struktur Ihres Gehirns!

Unser Gehirn ist eine lebende, sich ständig verändernde Skulptur. Was für das Bild des Dalmatiners zutrifft, gilt auch für jeden Augenblick Ihres Daseins, von Ihrem Leben im Uterus bis zu Ihrem letzten Atemzug. Unser Gehirn ist die Skulptur eines Lebens, die mit Sicherheit von unseren freiwilligen Handlungen (unseren Aktivitäten, den Sprachen, die wir gelernt haben) geformt wird, aber auch von allem, was wir in

Beziehung auf unsere Mitmenschen und der Umwelt, in der wir uns befinden, erleben, und zwar unabhängig von irgendeinem Kontext des Lernens.

Müsste man für die Plastizität des Gehirns eine Devise wählen, fiele meine Wahl auf das berühmte Zitat von Heraklit: «Man kann nicht zweimal in denselben Fluss steigen.» Anders ausgedrückt, macht unser Gehirn niemals dieselbe Erfahrung auf dieselbe Weise.

Ehrlich gesagt gibt es nicht nur *einen* Mechanismus der Plastizität des Gehirns, sondern *zahlreiche*, die auf verschiedenen Organisationsebenen unseres Nervensystems wirksam sind. Etliche davon haben wir bereits kennengelernt: SYNAPSEN, MEMBRANREZEPTOREN, NEURONEN, NEURONENNETZWERKE, also die unterschiedlichen Systeme des GEDÄCHTNISSES. Die Formen der Plastizität des Gehirns können kurz- und langfristig sein, manche sind unserem BEWUSSTSEIN zugänglich, die meisten davon jedoch nicht.

Drei besonders eindrucksvolle Beispiele:

In einer berühmten Untersuchung wurde nachgewiesen, dass der HIPPOCAMPUS (das Gehirn-GPS, von dem wir bereits gesprochen haben) bei Londoner Taxifahrern, die ihr Ortsgedächtnis besonders häufig gebrauchen und trainieren, besser entwickelt ist als bei gewöhnlichen Sterblichen! Unsere gelebte Erfahrung prägt die Struktur des Gehirns, ob auf der anderen Seite des Ärmelkanals oder sonst wo.

Auf dieselbe Weise werden die VISUELLEN BEREICHE von Menschen, die blind zur Welt kommen, in taktile Bereiche umgewandelt! Wenn sie mit dem Finger Brailleschrift lesen, benutzen sie dabei Bereiche ihres Gehirns, die normalerweise von der visuellen Lektüre genutzt werden.

Für das dritte Beispiel greife ich auf einen Bericht meines Kollegen Laurent Cohen zurück. Es geht darin um ein kleines Mädchen, dem er bei einer Operation einen Bereich des Gehirns entfernen musste, in dem insbesondere die Lesefähigkeit verankert ist, und zwar in einem Alter, als das Mädchen noch nicht lesen konnte. Entgegen allen Erwartungen lernte das Kind dennoch lesen. Ein Bereich in der rechten Hemisphäre – das symmetrische Gegenstück zu dem entfernten Bereich – übernahm diese Funktion, die normalerweise nicht zu seinen Aufgabengebieten gehört.

Man könnte nach Herzenslust weitere Beispiele aufzählen.

Damit aber nicht wieder ein neuer Mythos um die Plastizität des Gehirns entsteht, möchte ich zum Schluss noch festhalten, dass sie keineswegs allmächtig ist, weit gefehlt. Und sie nimmt mit zunehmendem Alter ab.

Trotzdem beweisen die 101 Dalmatiner aus Ihrer Kindheit und in unserem Dalmatiner-Test, dass die Plastizität des Gehirns eine Tatsache ist – Sie haben sie gerade selbst erfahren.

DAS EPISODISCHE GEDÄCHTNIS

Das episodische Gedächtnis speichert die Erinnerung an alle Episoden unseres Lebens. Das Adjektiv «episodisch» ist hier kein unnützes Fachchinesisch, sondern unverzichtbar, denn wir verfügen auch noch über zahlreiche andere Gedächtnisformen: Wenn wir Auto fahren, greifen wir auf das prozedurale Gedächtnis zurück; wenn wir uns gleichzeitig sieben verschiedene Informationen merken müssen, auf das Arbeitsgedächtnis; an der roten Ampel bremsen wir aufgrund konditionierten Lernens; dass die Schlacht bei Marignano 1515 stattfand, wird in unserem semantischen Gedächtnis abgespeichert ... Insgesamt verfügen wir über mehr als ein Dutzend Gedächtnisarten! Jede davon befindet sich in einem anderen Netzwerkbereich unseres Gehirns. Daher haben bestimmte Verletzungen auch nur Auswirkungen auf bestimmte Gedächtnisarten, während andere völlig intakt bleiben. Und deshalb gibt es für die betroffenen Kranken jeweils ein sehr gezieltes Aufbautraining.

Das episodische Gedächtnis ist also nur eine unserer Gedächtnisformen, aber sie ist uns besonders lieb und teuer, denn dank des episodischen Gedächtnisses können wir uns an unsere eigene Vergangenheit erinnern, wer wir – unserer Ansicht nach – sind.

Die Szene, die Sie hier gerade erleben, steht natürlich im größeren Kontext Ihrer jeweiligen persönlichen Lektüre, aber sie stellt selbst wiederum eine dieser Episoden dar. Eine Szene, die bei Ihnen vielleicht zu einer dauerhaften Erinnerung führt. Und die ich dazu nutzen möchte, Ihnen ein kleines Experiment vorzuschlagen. Versuchen Sie einmal, sich die folgenden zehn Wörter einzuprägen: Klavier, Note, Ton, Lied, Radio, Konzert, Instrument, Symphonie, Jazz, Orchester. Haben Sie's?

Erinnerungen entstehen im HIPPOCAMPUS, dem Seepferdchen in unserem Gehirn, dem wir bereits begegnet sind.

Die Hippocampi spielen die Rolle des Dirigenten. So, wie sich die Orchesterpartitur einer Symphonie aus vielen verschiedenen Instrumenten zusammensetzt, so bestehen auch die Szenen, die wir erleben, aus verschiedenen Elementen: aus Bildern, Tönen, Gefühlen, Gerüchen, Wörtern und so weiter. Jedes dieser Elemente wird von einem klar abgegrenzten Bereich des Gehirns «gespielt». Der Hippocampus dirigiert die verschiedenen Instrumentalisten in unserem Gehirn, die alle Szenen spielen, die wir erleben, und vereint sie in einer Partitur, in der die Erinnerung an diese Szene entsteht.

Aber so, wie Orchestermusiker dasselbe Stück wieder und wieder spielen, so hört auch unsere persönliche Erinnerung nach der Erstaufführung nicht auf, ihr Eigenleben zu führen.

Wenn die Musiker ein Stück sehr oft wiederholen (in diesem Fall also dieselbe Erinnerung), benötigen sie irgendwann keinen Dirigenten, also keinen Hippocampus mehr. Deswegen sind Patienten mit schwerer Amnesie, deren Hippocampi aus einer Vielzahl von Gründen nicht mehr funktionieren, trotzdem noch in der Lage, sich an weit zurückliegende Ereignisse zu erinnern. An neue Episoden ihres Lebens haben sie jedoch keine Erinnerung mehr.

Die Partitur unserer Erinnerung erklingt jedes Mal, wenn wir sie wachrufen, ein bisschen anders. Durch die kombinierte Wirkung von Mechanismen des Vergessens und des Zusammenstoßens verschiedenartiger Erinnerungen, ob es nun an Ortsveränderungen, Verdichtungen, Ersetzungen oder emotionalen Neueinfärbungen liegen mag, verändern sich Erinnerungen. Wie Ovids gleichnamige Dichtung gleicht das Leben jeder unserer Erinnerungen einer Folge von Metamorphosen.

Eine Erinnerung beschränkt sich nicht auf den ursprünglichen Eindruck, der sie hat entstehen lassen. Erinnerungen sind eine Mischung aus Vergangenheit und Zukunft, farbig ausgemalt von der Gegenwart.

Manchmal können uns Erinnerungen sogar «täuschen» und Elemente beinhalten, die wir überhaupt nicht erlebt haben.

Sie glauben mir nicht?

Kommen wir zu der Episode zurück, die wir gemeinsam erlebt haben.

Versuchen Sie, sich an die zehn Wörter unseres kleinen Tests zu erinnern, bevor Sie weiterlesen.

....
....
....
....
....
....
....
....
....
....

Falls Sie sich an das Wort «Musik» erinnern sollten, rufen Sie umgehend den ärztlichen Bereitschaftsdienst an: «Hilfe, mein Gedächtnis lässt mich im Stich!» Natürlich nicht – wenn zehn Wörter sich allesamt um einen Oberbegriff drehen, der selbst nicht auf der Liste stand, kann einen das leicht zu einer Fehlerinnerung verleiten.

Klavier, Note, Ton, Lied, Radio, Konzert, Instrument, Symphonie, Jazz, Orchester ... aber nicht «Musik».

Wenn ich Ihnen dadurch BEWUSSTMACHEN wollte, welche Streiche uns unser Gedächtnis spielen kann, dann geschah das keineswegs in der Absicht, Sie zum Relativismus und schon gar nicht zum Negativismus zu verleiten, etwa in der Art: «Das, woran ich mich erinnere, ist doch sowieso völlig beliebig. Wozu soll ich mich dann überhaupt noch damit abgeben?» Nein, mir liegt ganz im Gegenteil daran, Ihnen ein Gespür dafür zu vermitteln, wie komplex unser episodisches

Gedächtnis ist. Es ist zwar nicht perfekt, aber es bewahrt doch die kostbaren Spuren unserer Vergangenheit, und auch die Unvollkommenheiten dieser Erinnerungen sagen etwas über uns aus. Unsere Aufgabe besteht also darin, sie mit Scharfblick zu untersuchen. Solange unser Gedächtnis es erlaubt.

KOGNITIVE DISSONANZ

Wenn Sie während einer Probe oder eines Schulkonzerts eine schrill quietschende Geige hören – verziehen Sie dann das Gesicht und verspüren den heftigen Drang, den Raum sofort zu verlassen? Nicht so schnell, bitte, nehmen Sie sich lieber ein Beispiel an Ihrem Gehirn.

Sie sehen da keinen Zusammenhang?

Egal, ob wir nun musikalisch sind oder nicht, auch unser Gehirn gibt sich gelegentlich dissonant, und es hat damit überhaupt kein Problem. In diesem Fall greift unser Gehirn nämlich in ein Geheimfach und findet so wieder in einen harmonischen Zustand zurück. Man spricht dabei von kognitiver Dissonanz, ein Begriff, den der Psychologe Léon Festinger in den Fünfzigerjahren geprägt hat.

Was genau ist damit gemeint?

Als allgemeine Regel gilt, dass unsere Entscheidungen und Handlungen unsere Werte widerspiegeln: Wir wählen, was wir schätzen, und lehnen ab, was uns missfällt. Mitunter kommt es jedoch zu einem Frontalzusammenstoß zwischen unseren Handlungen und unseren Werten. Dann befinden wir uns in einem Zustand kognitiver Dissonanz. Die Einheit unseres Selbst ist bedroht.

Im Labor können wir alle möglichen kognitiven Dissonanzen hervorrufen und beobachten, wie sie beseitigt werden. Falls Sie mein Labor betreten würden, um an einem solchen Experiment teilzunehmen, würden wir Ihnen zum Beispiel als Erstes eine lange Liste mit Ferienzielen überreichen, die Sie mit Noten zwischen 1 und 8 bewerten sollen. Anschließend stellen wir Sie vor ziemlich verzwickte Entscheidungen, sozusagen vor die Qual der Wahl. Nehmen wir einmal an, Sie haben die beiden Ferienziele Rio und Tahiti gleich bewertet und ihnen die Note 6 gegeben. Nun würden wir Sie auffordern, sich zwischen beiden Zielen zu entscheiden: Rio oder Tahiti? Tahiti oder Rio? Die schlichte Tatsache, dass Sie hier zu einer Entscheidung gezwungen werden, ruft bei Ihnen eine kognitive Dissonanz hervor: Sie sind glücklich, wenn Sie Rio wählen, und gleichzeitig unglücklich, weil Sie Tahiti verwerfen, das Ihnen doch genauso zusagt!

So harmlos das alles auch aussehen mag, auf der Richterskala eines Experimentes haben wir es hier mit einem regelrechten kleinen psychologischen Erdbeben zu tun. Ihre subjektive Einheit ist bedroht und könnte sich in Einzelteile auflösen. Ja, in Einzelteile, die Ihnen die Vielzahl unbewusster Handlungsträger deutlich machen, aus denen sich Ihr Ich zusammensetzt, ein bisschen wie in dem großartigen Zeichentrickfilm *Alles steht Kopf* von den Pixar Studios.

Einzig und allein, weil Sie sich gegen Rio entschieden haben, befinden sich die dafür verantwortlichen kognitiven Kräfte im offenen Konflikt mit jenen, die das Register Ihrer Vorlieben enthalten.

Mit welchen Mitteln gelingt es, die Illusion eines einheitlichen Ich wiederherzustellen?

Dafür bieten sich zwei Lösungen an.

Hier die eine: Wir vergessen einfach die Entscheidung, die im Widerspruch zu unseren Wertvorstellungen steht. Man muss unumwunden feststellen, dass wir Menschen in diesem Punkt tatsächlich unübertroffene Meister sind! Hopp, einmal schnell mit dem Schwamm durch unsere HIPPOCAMPI gewischt – fertig. Es lebe die Verdrängung!

Und die zweite: Wenn es uns nicht gelingt, unsere ausgeübten Handlungen zu vergessen (auch die Verdrängung hat ihre Grenzen), bleibt uns immer noch die Möglichkeit, das Register unserer Vorlieben zu verändern. Eine Lösung, die man unwillkürlich wählt, ohne sich darüber im Klaren zu sein. Deshalb ist es umso interessanter, sie zum Gegenstand experimenteller Erfahrung zu machen.

Genau das tun wir in meinem Forschungslabor. Um wieder auf unser Beispiel zurückzukommen, fordern wir die Versuchspersonen auf, die Ferienziele ein zweites Mal zu bewerten, allerdings erst, nachdem sie ihre Entscheidungen getroffen haben und nicht davor. Die Resultate sind eindeutig: Rio wird höher bewertet, wenn die Versuchsperson sich für dieses Ferienziel entschieden hat (die Note steigt von 6 Punkten vor der Wahl etwa auf 8 Punkte nach der Wahl), während Tahiti, das nicht als Ferienziel gewählt wurde, niedriger bewertet wird (beispielsweise sinkt die Note von 6 auf 4). Wir erinnern hier daran, dass beide Ferienziele ursprünglich mit der gleichen Punktzahl 6 bewertet wurden und sich die Versuchsperson inzwischen nicht mehr in einer Entscheidungssituation befindet, sondern lediglich bewerten muss! Es gibt also keinerlei Vorschriften, die es ihr verbieten würden, beide Ziele abermals mit 6 Punkten zu bewerten. Die Tatsache, dass die Versuchsperson trotzdem eine neue Bewertung vornimmt, belegt, dass wir dazu neigen, unsere Wertvorstellungen an unsere Handlungen anzupassen. Ein ausgleichender Mechanismus, der unsere subjektive Kohärenz bewahrt. Mit Hilfe des MRT lässt sich dieser Mechanismus im Rahmen eines Experimentes auch in Echtzeit beobachten.

Kognitive Dissonanz beschränkt sich keineswegs aufs Labor, weit gefehlt, und gerade das macht sie besonders interessant. Denken Sie einmal an die Arbeitswelt. Sie müssen das rüpelhafte Benehmen eines Vorgesetzten wohl oder übel hinnehmen und begründen Ihr Verhalten dann folgendermaßen: «Ach, weißt du, wenn man ihn etwas besser kennt, ist er eigentlich ganz interessant. Ich habe eine Menge von ihm gelernt.» Im wirklichen Leben wimmelt es von derartigen Situationen: Ohne es zu wissen, passen wir unsere Wertvorstellungen ständig unseren Handlungen an! Obwohl uns doch der umgekehrte Fall viel «logischer und folgerichtiger» erscheint – nämlich unsere Handlungen unseren Wertvorstellungen anzupassen.

Diese Dissonanzauflösung zeigt auch, welche Konsequenzen manche Kompromisse haben können. Bei Handlungen, die unseren Wertvorstellungen zuwiderlaufen, ändert sich unser Wertesystem entsprechend, damit unsere subjektive Kohärenz gewahrt bleibt.

Einmal Dieb, immer Dieb.

Wer eine politische Partei wählt, obwohl er ihr anfangs sehr kritisch gegenüberstand, wird sich dieser Partei tendenziell immer weiter annähern, und zwar aufgrund der schlichten Tatsache, dass er ihr seine Stimme gegeben hat.

Halten wir zum Schluss, um die Sache unter einem vorteilhafteren Gesichtspunkt zu betrachten, fest, dass dieses Phänomen uns auch eine gewisse mentale Geschmeidigkeit verleiht. Unter bestimmten Bedingungen können wir dadurch tatsächlich Entscheidungen und Handlungen erforschen, die uns eigentlich fremd sind, ohne deshalb gleich unsere subjektive Kohärenz zu gefährden.

Wir korrigieren also unaufhörlich alle Dissonanzen, die die Integrität unseres Ich bedrohen.

Wie in einer Art Echo der quietschenden Geige am Anfang dieses Kapitel, einem Misston, ohne den große Solisten niemals den vollendeten Ton treffen würden, so durchläuft auch unser Gehirn diesen Lernprozess mit dem Werkzeug der Dissonanz.

Bestimmt ertappen auch Sie sich manchmal auf frischer Tat, mitten in einer Dissonanz! Vielleicht haben Sie es sich sogar zur Gewohnheit gemacht, Dissonanzen in Ihrem Umfeld aufzuspüren und den nichtsahnenden Täter darauf hinzuweisen. Statt ihm ein markiges «Na, hör mal, du dissoziierst ja wirklich gnadenlos!» zuzurufen – was er nicht unbedingt schätzen würde –, erinnern Sie sich vielleicht besser daran, dass niemand grundlos dissoziiert. Schließlich geht es dabei um nichts Geringeres als die Aufrechterhaltung unserer subjektiven Kohärenz, und obendrein erforschen wir damit eine ganze Palette von Möglichkeiten, die sich nur ausloten lassen, wenn man das Risiko einiger Misstöne eingeht.

Hören Sie die Sache jetzt auf einem etwas anderen Ohr?

Aha! Kein Zweifel, unser Gehirn ist doch ein äußerst harmonischer Solist.

WAHRNEHMUNG IST KONSTRUKTION

Da wir inzwischen schon über einen kleinen Wortschatz des Gehirns verfügen, ist jetzt der Zeitpunkt gekommen, uns einmal in ungewisses Gelände zu begeben und uns an die Übersetzung kurzer Phrasen zu wagen, denen man in neurologischen Handbüchern häufig begegnet. Zu Übungszwecken suchen wir uns dabei eine paradox klingende Wendung aus, die eine gleichwertige Beziehung zwischen zwei kaum miteinander zu vereinbarenden Wörtern nahelegt: «Wahrnehmung ist Konstruktion.»

Beinahe ein Widerspruch in sich. Das Wort «Konstruktion» gehört ins Register der Handlungen, «Wahrnehmung» wird vor allem mit passiver Aufnahme in Verbindung gebracht. Denken Sie beispielsweise an die extremste Form dieser Passivität, den Zuschauer, der oder die, in einer Ecke sitzend, jenen zusieht, die handeln und etwas tun.

Na, da darf ich Sie jetzt eines Besseren belehren! Die Neurowissenschaft hat nämlich nachgewiesen, dass die Wahrnehmung eine Handlung ist!

Es geht hier nicht um eine politisch korrekte Phrase, damit wir uns alle ein bisschen besser fühlen und weniger unter unserer vermeintlichen Passivität leiden. Und hier wird auch keine neue Seite des Poststrukturalismus von Jacques Derrida und Konsorten aufgeschlagen, die bekanntlich große Verfechter der Dekonstruktion waren. Nein, es handelt sich um ein ebenso spektakuläres wie folgenreiches Forschungsergebnis aus der Neurowissenschaft der Wahrnehmung.

Ein einfaches Beispiel gefällig?

Öffnen Sie die Augen möglichst weit und blicken Sie geradeaus vor sich. Was sehen Sie? Keine Sorge, ich spioniere Sie nicht mit einer Webcam aus. Trotzdem glaube ich, mit einiger Sicherheit annehmen zu können, dass Sie jetzt ein buntes Bild sehen.

Und das ist alles andere als selbstverständlich!

Die Zellen auf unserer Netzhaut wandeln Licht in elektrische Nervensignale um. Genau an der Stelle hat die Sache einen Haken. Auf unserer Retina befinden sich zwei verschiedene Zelltypen. Die einen, in der Mitte, sind für Farben empfänglich, während die anderen die Welt nur in schwarz-weiß sehen. Wenn das Gehirn sich nun darauf beschränken würde, diese von der Retina übermittelten Informationen lediglich passiv zu empfangen, würden wir die Welt um jenen Punkt herum, den wir fixieren, farbig sehen, und den Rest lediglich als Schwarz-Weiß-Bild wahrnehmen! Welche messerscharfe Schlussfolgerung ziehen Sie daraus?

Unser Gehirn färbt die Lichtinformationen ein, die es in schwarz-weiß erhält.

Elementar, mein lieber Watson ...

Aber das ist noch nicht alles, unsere Wahrnehmung ist das Ergebnis zahlreicher anderer Vorgänge.

Die Bilder von unserer Retina enthalten nämlich

eine Vielzahl an Informationen, für die sich niemand interessiert! Wie zum Beispiel die Spiegelbilder der Gefäße, die diese Informationen weiterleiten. Nochmals: Würde unser Gehirn nur passiv sämtliche von der Netzhaut empfangenen Bilder aufnehmen, müssten wir alles durch ein Netz aus Gefäßen wahrnehmen. In Wirklichkeit löscht unser visuelles Gehirn jedoch alles Unbewegliche auf unserer Retina, darunter auch besagte Gefäße.

Beim Gehen bewegen wir unaufhörlich die Augen und den Kopf, und ein Gesicht, das wir vor uns sehen, springt unaufhörlich auf unsere Netzhaut auf und ab. Ergebnis? Unsere visuelle Wahrnehmung müsste eigentlich in etwa so aussehen wie ein mit der Schulterkamera gedrehter Film von John Cassavetes.

Schlussfolgerung?

Unser visuelles Gehirn stabilisiert fortwährend das Rohmaterial, das unsere Augen ihm liefern.

Gehen wir noch einen Schritt weiter.

Seitlich an jeder der beiden Retinen befindet sich ein Loch, durch das die Gefäße und der Sehnerv hindurchlaufen und ins Gehirn führen. Eigentlich müssten wir die visuelle Welt also mit zwei seitlichen «blinden Flecken» wahrnehmen.

Welche Schlussfolgerung ziehen wir daraus, indem wir auch hier einen indirekten Beweis führen?

Wenn diese blinden Flecken nicht in unserer Wahrnehmung auftauchen, so liegt es daran, dass unser Gehirn dieses «Loch» der Retina mit selbstproduzierten Bildern füllt. Das Phänomen der Auffüllung hat der Physiker und Geistliche Edmé Marriotte im 17. Jahrhundert entdeckt. Unser Gehirn erfindet, was es von der Welt nicht sieht, und zwar ausgehend von dem, was sich seiner Vermutung nach dort befinden müsste.

Auf einer noch abstrakteren Ebene konstruiert unser Gehirn unsere Wahrnehmung wie der Gast eines Restaurants, der sich an einem Büffet bedient und auswählt: Es nimmt nur einen winzigen Teil dessen, was sich vor ihm befindet, das, was uns interessiert, wonach wir suchen, was uns als sinnvoll erscheint.

Ausmalen, löschen, stabilisieren, auffüllen, erfinden, auswählen usw.: Die Bandbreite der Aktivitäten, die in unserem Gehirn während der Wahrnehmung stattfinden, ist erheblich. Da wir normalerweise keinen Einblick hinter die Kulissen unserer Wahrnehmung haben, nehmen wir sehr zu Unrecht an, Wahrnehmung sei eine passive Angelegenheit. In Wahrheit jedoch ist die Wahrnehmung eine permanente aktive Konstruktion unseres Gehirns.

Eine Konstruktion, von der man beinahe sagen könnte, dass sie sich mit verbundenen Augen abspielt!

DER NEURONALE CODE

Hier ist Radio Gehirn, NEURONEN an Neuronen; ich wiederhole: Neuronen an Neuronen …

In diesem Kapitel werden wir uns darüber unterhalten, wie die Neuronen des Gehirns untereinander kommunizieren oder, noch genauer, welchen Code sie für den Informationsaustausch benutzen.

Innerhalb der großen neuronalen Netzwerke unseres Gehirns entsprechen die binären Konfigurationen des einzelnen Neurons (aktiv oder im Ruhezustand), die unsere mentalen Zustände bestimmen, tatsächlich einer Art neuronaler Sprache. Bisher gibt diese Sprache – man fasst sie unter dem Oberbegriff «neuronaler Code» zusammen – allerdings noch viele Rätsel auf.

Die Kenntnis des Codes würde uns zahllose, zurzeit noch fest verschlossene Türen öffnen. Es wäre eine wahre Inbesitznahme dieses anderen alten Kontinents, den unser Gehirn darstellt! Damit sind keine militärischen Siege verbunden, sondern Hoffnungen und Ängste, Wunschvorstellungen und solche, die realistisch sind.

Mit der Entzifferung des neuronalen Codes könnten wir vor allen Dingen die Stichhaltigkeit der neuronalen Theorie bestätigen, die jedem einzelnen unserer Gedanken eine genaue neuronale Konfiguration zuordnet.

Wir könnten dann auch im Gehirn eines paralysierten Patienten lesen und mit diesem kommunizieren, ja sogar von Gehirn zu Gehirn kommunizieren oder auch von Gehirn zu Maschine und uns über bestimmte Verhaltensweisen hinwegsetzen: Es wäre nicht mehr nötig, eine Mitteilung laut auszusprechen, sie schriftlich auf einem Blatt Papier festzuhalten oder auf einer Tastatur einzugeben.

Die Entschlüsselung des neuronalen Codes würde auch, jedenfalls hoffentlich, neue Rechte schaffen. Das Recht auf ein neuronales Privatleben, das Recht auf die Unverletzlichkeit unseres Geistes.

Auch wenn wir diesen Punkt (noch) nicht erreicht haben, könnte man eine ganze Reihe meiner Kollegen und mich selbst, die wir die Funktionsweise des Gehirns erforschen, durchaus als Hacker beschreiben, die den Gehirncode zu knacken versuchen.

Aber wo genau zwischen Neurowissenschaft und Science-Fiction, zwischen vollmundiger Ankündigung und nachweislicher Realität, stehen wir gegenwärtig? Ist es der Tag X oder gibt es, ganz im Gegenteil, nichts Neues unter der Sonne?

«Weder das eine noch das andere», scheint mir hier die angemessenste Antwort zu sein.

Wenn Sie sich in die Röhre eines MRT-Gerätes legen, um Ihre Gehirnaktivitäten aufzeichnen zu lassen, kann man weder auf den Inhalt Ihrer Gedanken schließen noch Ihrer Gedankenführung folgen, Ihrem Bewusstseinsstrom. Ich höre es förmlich ringsum erleichtert aufatmen: «Uff!»

Dennoch sind einige grundlegende Elemente des

neuronalen Codes bereits bekannt. Hier drei Beispiele:

Das erste lässt uns erraten, was Sie sehen, während man die Aktivitäten Ihres VISUELLEN CORTEX aufzeichnet. In den Sechzigerjahren knackten die Neurophysiologen Hubel und Wiesel den neuronalen Code des primären visuellen Cortex, also der Stelle, an welche die aus den Augen stammenden Informationen gelangen. Sie erinnern sich bestimmt noch: Der primäre visuelle Cortex liegt in Ihrem Hinterkopf, unmittelbar vor dem Occiput, dem Hinterhauptbein! Die beiden Wissenschaftler entdeckten, dass in diesem Bereich das Bild, das Ihre Retina aufnimmt, wiederhergestellt wird, und zwar in Form einer Karte mit leuchtenden, in kortikalen Säulen angeordneten Kontrasten. Dieser erste Hacker-Angriff wurde 1981 mit dem Nobelpreis belohnt. Die Arbeit machte den Weg frei für die inverse Bildgebung: Man geht vom Gehirn aus, um zu wissen, was Sie sehen – und schließt nicht mehr von dem Bild, das man Ihnen auf dem Bildschirm zeigt, darauf zurück, was in Ihrem Gehirn vorgeht. Eine Art Gedankenlesen, wenn man so will, zumindest in Hinsicht auf die visuellen Formen, die Sie wahrnehmen oder sich vorstellen …

Das zweite Beispiel funktioniert beinahe wie ein GPS. Zu Beginn der Siebzigerjahre gelang es John O'Keefe, den wir bereits bei der Erforschung des HIPPOCAMPUS erwähnt haben, auf spektakuläre Weise einen anderen Teil des neuronalen Codes zu entschlüsseln: denjenigen des Gehirn-GPS, das genau dort, im Hippocampus, liegt. Seither können wir die neuronale

Landkarte decodieren, die in Echtzeit Ihre Position im Raum auf den neuesten Stand aktualisiert. Zeichnet man beispielsweise die Aktivität dieses GPS mit Hilfe von Mikroelektroden im Gehirn einer Ratte auf, so lassen sich die Wege des Tieres mit erstaunlicher Präzision rekonstruieren, selbst wenn die Ratten sich ihre Wege nur vorstellen oder sie träumen! Dieser neue heldenhafte Hacker-Angriff wurde 2014 mit dem Nobelpreis ausgezeichnet.

Nach dem visuellen Code und dem Code des GPS sind wir nun dabei, auch den Code des Bewegungssystems zu entschlüsseln. Indem wir die Bewegungsabsichten eines amputierten Patienten dekodieren können, wissen wir allmählich, wie sich diese dekodierten Absichten in Bewegungsbefehle umwandeln lassen, mit deren Hilfe anschließend eine Prothese gesteuert werden kann! Ich muss hier sicher nicht genauer ausführen, welche Hoffnungen auf diesem Bereich des neuronalen Codes ruhen.

Es gibt weitere Beispiele für die Entschlüsselung anderer Codes, die Frontlinie verschiebt sich unaufhörlich und beinahe Tag für Tag.

Trotz allem sind wir heute noch nicht imstande, direkt den Inhalt Ihrer Gedanken zu lesen. Das hat zum Teil technische, aber auch theoretische Gründe. Und selbstverständlich ethische.

Unter den vielen brennenden Fragen, die dabei aufgeworfen werden, interessiert mich vor allem eine. Gibt es, abgesehen von den spezialisierten Codes bestimmter Bereiche des Gehirns, auch einen übergreifenden, universalen neuronalen Code, mit dessen Hilfe

die verschiedenen Bereiche unserer Gehirns untereinander auf zusammenhängende und bewusste Weise
kommunizieren? Existiert ein neuronaler Code des
BEWUSSTSEINS?

Was diese Frage betrifft, ist «das Ding noch nicht ge-
laufen». Sie lässt sich erst dann beantworten, wenn die
grundlegenden Gehirnfunktionen unseres Bewusstseins bekannt sind. Und hier gibt es gute Nachrichten.
Gerade in diesem Bereich haben die Neurowissenschaften nämlich verblüffende Fortschritte gemacht,
und mit genau diesen Fortschritten werden wir uns im
nächsten Abschnitt unseres Buches, unter der Überschrift «Stoff zum Nachdenken», beschäftigen. Was
für ein Programm!

Bleiben Sie also dran und hören Sie weiter Radio-
Gehirn!

4

STOFF ZUM NACHDENKEN

Bewusstsein und Unbewusstes

DIE FORMATIO RETICULARIS

Hinter diesem schwer zugänglichen Namen – «Formatio reticularis» – verbirgt sich in Wirklichkeit eine Nervenstruktur, deren Funktionsweise sich ganz einfach erklären lässt. Das kommt so selten vor, dass es hier eigens erwähnt werden soll! Denn obwohl wir heutzutage wissen, dass kein Bereich unseres Gehirns ausschließlich für eine bestimmte intellektuelle Funktion zuständig ist (*den* Bereich für Sprache, *den* Bereich für Berechnungen oder für das GEDÄCHTNIS gibt es nicht), existiert *der* Bereich des Erwachens sehr wohl. Und genau dieser Bereich, Sie ahnen es schon, ist die Formatio reticularis!

Wenn Sie frühmorgens erwachen, sitzt die Formatio reticularis am Steuer.

Und wenn Sie sich abends schlafen legen, sitzt die Formatio reticularis immer noch am Steuer.

Ungefähr so wie ein integrierter ON/OFF-Schalter mit Dimmer-Funktion – und total vernetzt.

Die Formatio reticularis befindet sich im Hirnstamm, genauer gesagt über dem Rückenmark und unterhalb der beiden Hemisphären des Gehirns. Ihre Struktur ist netzartig, und in der Bezeichnung «Reticularis» steckt denn auch der Begriff «Netz» (lateinisch: *rete*). Die Formatio reticularis steuert unsere Wach- und Schlafphasen und reguliert in Echtzeit unseren Aufmerksamkeitsgrad.

Die Formatio reticularis verarbeitet unablässig unsere körperlichen Informationen (Herzfrequenz, Sauerstoffaufnahme, Säuregehalt des Blutes, Aktivität der Organe) und Informationen aus unserer Umwelt (auditive und taktile Signale). Sobald die Formatio reticularis eine Störung im Organismus oder eine potenzielle, von außen kommende Gefahrenquelle erfasst, stimuliert sie sofort den darüber liegenden CORTEX und erhöht den Grad unserer Aufmerksamkeit entsprechend.

Beispielsweise löst der Anblick dieses visuellen Warnhinweises bei Ihnen höchstwahrscheinlich einen erhöhten Grad an Aufmerksamkeit aus, der auf die Formatio reticularis zurückgeht.

Haben Sie es gespürt?

Zweifellos, denn das Besondere an wirksamen Alarmzeichen (visuellen Zeichen, aber auch hörbaren) besteht darin, dass sie unsere Formatio reticularis zu bedingungsloser Aufmerksamkeit zwingen, immer und überall.

Die Formatio reticularis weckt also den Cortex reflexhaft und völlig automatisch, und versetzt diesen in die Lage, strategisch und aus freiem Willen zu reagieren.

Halten wir im Vorübergehen noch kurz fest, dass die Weckfunktion auf SYNAPSEN (exzitatorischen, also: erregenden) beruht, die entweder eine direkte Verbindung zwischen den NEURONEN der Formatio reticularis und jenen des CORTEX oder eine indirekte Verbindung über bestimmte Relais in den BASALGANGLIEN herstellen. Ein neuronaler Schaltkreis, der Ihnen jetzt in den Grundzügen bekannt ist und Ihnen diese wohlbekannten Funktionen erklärt: Wachen und Schlafen. Mit den jeweiligen alterstypischen Sorgen: Regelung des nächtlichen Schlafs der Säuglinge (... und deren Eltern!), Schlafschwierigkeiten vor Prüfungen oder der ersten Verabredung, Schläfrigkeit am Steuer ...

Wenn uns der Unterschied zwischen Wachzustand und Nichtwachzustand (Schlaf, Narkose, Koma) so deutlich vorkommt, liegt das auch daran, dass wir jedes Mal, wenn wir im normalen Alltag erwachen, uns sofort unserer selbst und unserer Umgebung bewusst sind.

Damit wir uns unserer selbst bewusst sein können, müssen wir unbedingt vollständig wach sein, und dafür benötigen wir eine reibungslos funktionierende Formatio reticularis.

Während des Tiefschlafs, aber auch unter Narkose oder tragischerweise im Koma sind wir weder wach noch bei Bewusstsein. Der Wachzustand ist daher die entscheidende Voraussetzung für den wachen Bewusstseinszustand.

Die einzige Ausnahme von diesem Grundprinzip ist übrigens der Traum.

Wir träumen, während wir schlafen, also im nicht-wachen Zustand. Trotzdem entspricht unser Traumerleben einem Wachzustand, in dem wir ein ereignisreiches Leben in der Ich-Form führen. Ist der Traum also ein Beispiel für die Verletzung des gerade dargelegten Prinzips? Entspricht der Traum einem Wachzustand, ohne dass man wach ist?

Nein! Unsere Träume spielen sich nämlich in einem paradoxen Zustand ab: Während wir allem Anschein nach tief schlafen, schaltet unser Gehirn gleichzeitig in den Wachzustand um. Man spricht hier auch vom «paradoxen Schlaf» oder REM-Schlaf. Der paradoxe Schlaf ist eine außerordentliche, bedeutende Entdeckung der Forschergruppe um Michel Jouvet in Lyon in den Fünfzigerjahren. In dieser Schlafphase wecken die Neuronen unserer Formatio reticularis den Cortex beinahe auf dieselbe Art und Weise wie für die tagaktive Wachfunktion.

Wir halten also fest, dass der Wachzustand ein absolut notwendiger Bestandteil des BEWUSSTSEINS ist.

Aber ist es denn tatsächlich auch der einzige notwendige Bestandteil?

Mir ist natürlich bewusst, dass diese höchst spannende Frage Sie bis zum nächsten Kapitel im Wachzustand halten könnte, aber andererseits habe ich den wertvollen (und unverzichtbaren) Mitbewerber, Ihre Formatio reticularis, nicht vergessen, der ich an dieser Stelle einen leisen Gruß hinunterschicke …

DAS NEURONALE NETZWERK DES BEWUSSTSEINS

Angeregt von zeitgenössischen Serienschreibern und den Autoren der Fortsetzungsromane des 19. Jahrhunderts, habe ich Sie am Ende des letzten Kapitels mit einem unerträglich spannenden *cliffhanger* zurückgelassen. Sie hängen jetzt buchstäblich «in der Luft» *(hanger)* und baumeln an einer Klippe *(cliff)*!

Wir haben festgestellt, dass die Voraussetzung für den Wachzustand ein waches Gehirn ist. Dass es wach ist, hängt von einer Nervenstruktur knapp unterhalb des Gehirns mit dem hübschen Namen FORMATIO RETICULARIS ab. Dann habe ich Ihnen die folgende Rätselfrage gestellt: Genügt es, wach zu sein, um bei Bewusstsein zu sein?

Denjenigen unter Ihnen, die die Kapitel nicht der Reihe nach lesen und noch nicht mit uns am Klippenrand entlangspaziert sind (oder die just in diesem Augenblick von den Klippen stürzen!), würde ich empfehlen, das vorige Kapitel zu lesen oder es noch einmal zu lesen.

Mehr als die anderen Kapitel des Buches hängt das Verständnis des aktuellen Kapitels, das sich mit dem neuronalen Netzwerk des Bewusstseins beschäftigt, von einer entsprechend vernetzten Lektüre ab, die sowohl das vorhergehende Kapitel als auch die fünf folgenden einbezieht.

Die besonders Aufmerksamen unter Ihnen werden bemerkt haben, dass wir, wenn wir hier von einem «neuronalen Netzwerk des Bewusstseins» sprechen, das genau deshalb tun, weil das Bewusstsein eben nicht ausschließlich vom Wachzustand und der vollen Funktionsfähigkeit der Formatio reticularis abhängt, sondern auch vom neuronalen Netzwerk des Gehirns, um das es in diesem Kapitel gehen soll.

Wach sein allein genügt daher nicht, um bei klarem Bewusstsein zu sein!

Im Alltag wird der Zustand des Wachseins meist mit dem Aufwachen gleichgesetzt. Die Neurologie hat uns gezeigt, dass der Wachzustand zwar eine nötige Voraussetzung des Bewusstseins darstellt, aber sie hat zugleich auch nachgewiesen, dass es Situationen gibt, in denen ein Individuum wach und dennoch nicht bei Bewusstsein ist.

Bei epileptischen Krisen ist der Patient beispielsweise wach. Seine Augen sind weit geöffnet, er steht aufrecht und ist manchmal sogar zu automatischen Bewegungen imstande. Trotzdem ist er zu keinem einzigen Gedanken fähig: Er ist wach und sich doch weder seiner selbst noch seiner Umgebung bewusst. In einem noch drastischeren Kontext hat man genau dasselbe auch bei Patienten in einem sogenannten vegetativen Zustand festgestellt. Sie sind nicht bei Bewusstsein, auch wenn die vegetativen Funktionen (Durchblutung, Atmung, Verdauung etc.) aufrechterhalten werden.

In beiden Fällen haben wir es mit Patienten zu tun, die zwar wach, aber trotzdem nicht bei Bewusstsein sind.

Welches zusätzliche Element ist also für ein waches Bewusstsein notwendig? Im Wachzustand aktiviert unser Wecksystem nicht nur den Cortex, sondern dieser arbeitet auch auf eine ganz besondere Weise. Die Bereiche, aus denen sich der Cortex zusammensetzt, führen dann nämlich ein ganz besonderes Gespräch miteinander.

Um sich das klarzumachen, stellt man sich die verschiedenen Bereiche des Gehirns am besten als ausgeprägte Individuen vor, die an ein und demselben Ort beständig neue Grüppchen bilden.

Jetzt können wir die drei wesentlichen, unterschiedlichen Gesprächsformen dieser Individuen beschreiben.

In den Gesprächen des ersten Typs plaudern diese Bereiche in diversen Zweier- oder Dreiergruppen. In etwa wie das Stimmgewirr auf einer Cocktailparty. Solche gleichzeitig geführten Unterhaltungen entsprechen in unserem Gehirn den unbewussten mentalen Aktivitäten.

Bei Gesprächen des zweiten Typs schließen sich die Bereiche zu EINER ununterscheidbaren Menge zusammen, die im Chor eine ganz einfache Botschaft wiederholt. So wie Fans im Fußballstadion ihre Mannschaften lautstark anfeuern: «Allez les bleus!» (nur so als Beispiel, ohne den geringsten Anflug von *Fanphobie*).

Bei diesem zweiten Gesprächstyp kommunizieren die Bereiche des Gehirns zwar gut miteinander, ihre

Botschaft ist jedoch ziemlich dürftig, da sie zu synchron ist. Genau dasselbe beobachtet man auch bei epileptischen Krisen, die zu einem Verlust des Bewusstseins führen.

Anders ausgedrückt: Kommunizieren die verschiedenen Bereiche unseres Gehirns auf eine nicht ausreichend vereinheitlichte Weise miteinander (Stimmengewirr beim Cocktail) oder auf eine zu stark vereinheitlichte Weise (der Schlachtruf der Menge im Stadion), dann sind wir nicht bei wachem Bewusstsein.

Damit wir bei wachem Bewusstsein sind, müssen unsere Gehirnbereiche zu einem dritten Gesprächstyp finden: zu einem einheitlichen und kohärenten Gespräch, das aber zugleich auch breit angelegt und koordiniert ist. Die typisch französische Gesprächskunst eben (nur so als Beispiel, ohne den geringsten Anflug von Chauvinismus oder Nationalismus).

Inzwischen können wir «Gespräche» dieses dritten Typs im Gehirn aufspüren, indem wir die Gehirnaktivitäten einer Person messen. Das ist gerade dann von unschätzbarem Wert, wenn wir bestimmen wollen, ob ein nicht mehr kommunikationsfähiger Patient bei wachem Bewusstsein ist oder nicht.

Fassen wir noch einmal kurz zusammen: Ein waches und bewusstes Gehirn ist also nicht nur wach, es führt auch Gespräche des dritten Typs, der hier bildhaft beschrieben wurde. Die Eigenschaften dieses Typs haben Stanislas Dehaene und meine Wenigkeit selbst charakterisiert.

Das Bewusstsein beruht daher nicht auf EINEM

bestimmten Bereich unseres Gehirns, sondern vielmehr darauf, in welcher Form alle Bereiche miteinander kommunizieren. «Alle (Bereiche) für Einen (hier:
das Bewusstsein)! Einer (das Bewusstsein) für alle (Bereiche)!»

Ein Motto, das wir uns von dem genialen Vielschrei-
ber Alexandre Dumas ausgeborgt und es unseren
Zwecken angepasst haben, bevor wir nun zügig zu
weiteren Abenteuern in Gesellschaft dieses Helden
aufbrechen, der ebenso unerschrocken ist wie ein Mus-
ketier: unser Bewusstsein.

BEWUSSTWERDEN

Haben Sie sich die Überschrift dieses Kapitels bewusst-
gemacht? Was genau mag sich da wohl in Ihrem Gehirn abgespielt haben? Oder, noch allgemeiner gefasst,
welcher Film spielt sich überhaupt in unserem Gehirn
ab, wenn wir uns, Tag für Tag, Tausende von Malen,
etwas bewusstmachen? Wie erfassen wir bewusst ein
Wort, ein Musikstück, einen Geruch, eine Liebkosung,
eine Erinnerung, ein Lächeln?

Anders ausgedrückt: Wie lässt sich der Begriff «Bewusstwerdung» dessen, was täglich auf uns einstürmt,
in die Sprache unseres Gehirns übertragen?

Nach der Methode der kulturellen Immersion, die
beim Erlernen einer Fremdsprache angewandt wird,
schlage ich Ihnen als Ausgangspunkt unserer Betrach-
tungen eine symbolträchtige Eroberung vor, deren Bedeutung sich für französische Gehirne kaum über-
schätzen lässt: die Erstürmung der Bastille.

Zwischen dieser Erstürmung und dem Akt der Bewusstwerdung stelle ich drei bemerkenswerte Überein-
stimmungen fest.

Die Voraussetzung dafür, dass der Sturm auf die
Bastille überhaupt stattfand, besteht darin, dass es
etwas zum Erstürmen gegeben haben muss, ehe man
es erstürmen konnte. Exklusivmeldung: Im Paris des

18. Jahrhunderts stand die Zitadelle der Bastille bereits fest auf ihren Fundamenten! Diese banale historische Tatsache verweist auf die entschieden weniger banale Feststellung, dass irgendeine Sache, bevor man sich ihrer bewusst werden kann, bereits zuvor auf unbewusste Weise existiert haben muss! Die visuelle Wahrnehmung spielt sich beispielsweise systematisch in zwei aufeinanderfolgenden Phasen ab. Im Verlauf der ersten unbewussten Phase produziert unser Gehirn bereits vielfältige und intelligente Abbilder des visuellen Reizes (übrigens in weniger als 3/10 einer Sekunde). Daraufhin folgt eine zweite Phase, in der uns plötzlich das bewusst wird, was wir zuvor auf unbewusste Weise registriert haben.

Dabei handelt es sich anscheinend um ein universelles Prinzip: Jedes Mal, wenn wir uns eines bestimmten Sachverhaltes bewusst werden, geht dieser Bewusstwerdung eine unbewusste Phase voraus. Während sich die erste unbewusste Phase in Bereichen des Gehirns abspielt, die auf die Beschaffenheit des Inhalts spezialisiert sind (visuelle, auditive, emotionelle, das Gedächtnis betreffende Netzwerke zum Beispiel), entspricht der Vorgang der Bewusstwerdung dem Übergang dieses besonderen Abbildes in das ausgedehnte NEURONALE NETZWERK DES BEWUSSTSEINS. Über dieses Netzwerk haben wir bereits gesprochen, dort werden zivilisierte, breit angelegte und komplexe Gespräche geführt. Diese zweite, für die Bewusstwerdung charakteristische Phase, spielt sich in unserem Gehirn jedes Mal auf dieselbe Weise ab, unabhängig davon, welche Inhalte wir uns bewusstmachen. Demnach sind Sie also, ohne es zu wissen, Revolutionäre im Dauereinsatz! In weniger als einer halben Sekunde erstürmen Sie die unterschiedlichsten geistigen Bastillen!

Die zweite Gemeinsamkeit zwischen der Erstürmung der Bastille und dem Akt der Bewusstwerdung bezieht sich auf diejenigen, die sie besetzt haben. Damit die Bastille erstürmt werden konnte, war es nicht nur notwendig, dass es die Bastille gab, sondern es war auch dringend nötig, dass ein paar Leute in der Nähe waren, die das Erstürmen übernahmen! Diese zweite banale Feststellung verweist auf die Tatsache, dass ein Individuum, um sich irgendeines Inhalts bewusst werden zu können, im Wachzustand sein muss. Wofür sich wiederum das neuronale Netzwerk unseres Bewusstseins in aktivem Zustand befinden muss. Die Vorbedingungen haben wir bereits dargelegt: FORMATIO RETI-CULARIS im Modus «ON» und Gespräch des dritten Typs (falls Sie gerade in einem Luftloch wegsacken, nur keine Panik, lesen Sie einfach noch mal die beiden vorhergehenden Kapitel). Merken Sie sich auf alle Fälle Folgendes: Kein Sturm auf die Bastille ohne Revolutionäre! Analog dazu: Keine Bewusstwerdung ohne klares Bewusstsein.

Die dritte Gemeinsamkeit ist schließlich zeitlicher Natur. Im Unterschied zum Mittelalter oder der Antike – langen, nicht genau definierten Zeiträumen mit strittigen Datierungen, Zeiträume, von denen die Menschen, die in ihnen lebten, übrigens nicht wussten, dass diese später einmal so genannt werden würden – handelt es sich bei der Erstürmung der Bastille um ein konkretes Ereignis, bei dem alle Beteiligten eines ganz genau und sofort wussten: Wir sind dabei, die Bastille zu erstürmen! Selbst wenn Ludwig XVI., in geradezu legendärer Verkennung der Umstände, am 14. Juli 1789 in seinem Tagebuch lediglich ein mageres «Nichts» eintrug. Nach exakt demselben Muster, und das ist hier der ausschlaggebende Punkt, spielt sich jede Bewusstwerdung in einem konkreten Moment ab. Diese Augenblicke kann man heutzutage mit den Werkzeugen des NEUROIMAGING erkennen.

Persönliche, private, zutiefst subjektive Augenblicke, die sich trotzdem von makellos objektiven Messwerkzeugen präzise bestimmen lassen.

Die Glocken Ihres Innenlebens existieren, und sie läuten jedes Mal ein bisschen wie der 14. Juli Ihres Bewusstseinsstroms.

ICHBEWUSSTSEIN

Wenn Sie in der Lage sind, sich in dem Moment, den Sie gerade erleben, auf sich selbst zu beziehen («Ich lese gerade *Der kleine Gehirnversteher*»), dann befinden Sie sich in einem bewussten Zustand! Eine Variante des berühmten «Ich denke, also bin ich» von Descartes.

Jetzt möchte ich Sie gern zu dieser ersten Bestätigung zurückführen: «ICH bin mir meiner selbst bewusst.» Sie sind sich also Ihrer selbst bewusst, sehr schön, aber was ist das Subjekt in diesem Satz? Wer ist das Subjekt des Satzes: «ICH bin mir meiner selbst bewusst»? Ich, natürlich. Ja, gut, aber wer genau ist dieses ICH? Wer bin ich? Wer sind Sie? Wer sind Sie in Ihren eigenen Augen? Wie sind Sie sich Ihrer selbst bewusst?

Auf ihre eigene Weise trägt die Neurowissenschaft allmählich dazu bei, wertvolle Mosaiksteinchen zu sammeln, mit deren Hilfe sich dieses existenzielle Rätsel einmal lösen lassen wird.

Auf ihre eigene Weise bedeutet hier: diese allgemeine, existenzielle Fragestellung neu zu formulieren, indem wir sie auf Variationen spezifischer Merkmale unserer Identität beschränken.

Der Teufel steckt im Detail, und genau damit beschäftigen wir Neurowissenschaftler uns gern – mit Details, nicht mit dem Teufel, versteht sich – und beobachten das ICH von außen. Ausgehend von der Frage «Wer bin ICH?», lautet unsere Fragestellung daher «Wer ist ICH?». Wer ist das ICH, gesehen durch die eigenen ICH-Augen?

Anschließend studieren wir die beinahe tausendundeine Varianten dieser ungeheuren Frage.

Wo befindet sich ICH im Raum? Oder anders ausgedrückt, woher weiß ICH, wo es sich befindet?

Wo ist ICH in der Zeit?

Wie findet sich ICH selbst, mit eigenen ICH-Augen? Süß, genial, dumm, abscheulich?

Wie erkennt sich ICH im Spiegel?

Woher weiß ICH morgens beim Aufwachen, dass es nach wie vor ICH ist und kein anderer?

Wie gelingt es ICH, eine grundlegende und eindeutige Subjektivität über alle Altersstufen seines Lebens aufrechtzuerhalten?

Zu jeder dieser Fragen gibt es neurologische oder psychiatrische Beispiele, die nachdrücklich und häufig auch tragisch zeigen, dass es alles andere als selbstverständlich ist, sich seiner selbst bewusst zu sein, selbst wenn wir das im ersten Moment intuitiv denken.

Betrachten wir beispielsweise einmal unsere erste und keineswegs trivialste Frage auf der Liste genauer: Woher weiß ICH, wo es sich im Raum befindet?

Nach einem Herzstillstand, bei dem es glücklicherweise gelingt, den Patienten zu reanimieren, oder im Verlauf bestimmter Epilepsieanfälle sind manche Patienten überzeugt ... nicht dort zu sein, wo ihr Körper ist! Sie sehen sich selbst von außen in ihrem eigenen Körper. Sie sind nicht mehr in ihrem Körper. In jedem Fall sind sie sich in diesem bestimmten Moment dessen bewusst. Man spricht dann von einer außerkörperlichen Erfahrung.

Diese Probleme des räumlichen Bewusstseins des ICH haben ihre Ursache in der Störung eines bestimmten neuronalen Netzwerkes. Es befindet sich in der rechten Hemisphäre und verarbeitet in Echtzeit Informationen aus der Außenwelt, die über unsere Sinnesempfindungen eintreffen, und Informationen, die unser eigener Körper übermittelt. Sobald dieses neuronale Netzwerk fehlerhaft arbeitet oder durch «Zauberkunststückchen» getäuscht wird, denken wir, dass wir dort sind, wo wir nicht sind.

Mein Kollege Matthew Botvinick hat ein solches Zauberkunststückchen erfunden. Es lässt sich ohne finanziellen Aufwand selbst nachahmen. Legen Sie die rechte Hand unter einen Tisch (sie ist jetzt nicht mehr sichtbar), auf dem sich eine Plastikhand befindet, die Sie sehen können. Wenn ich nun gleichzeitig den Rücken der Plastikhand streichele – den Sie sehen – und Ihren eigenen Handrücken – den Sie nicht sehen –, stellt sich innerhalb von wenigen Sekunden ein sehr heftiges, trügerisches Gefühl bei Ihnen ein. Sie werden nämlich den Eindruck haben, Ihre rechte Hand wäre die Gummihand. Wenn dann urplötzlich ein Assistent ein Messer in die Gummihand bohrt, reagieren Sie so, als wäre Ihre eigene Hand verletzt worden! Das ist die sogenannte Gummihand-Illusion, *die Rubber Hand Illusion*.

Die Untersuchung aller anderen «existenziellen» Teilfragen, die wir vorhin aufgelistet haben, würde zu ähnlichen Brüchen in der Selbstwahrnehmung führen. Nicht im wahrsten Sinne des Wortes, wie in der Gummihand-Illusion, aber sicher im übertragenen Sinne.

Noch einmal: Unser Ichbewusstsein versteht sich nicht von selbst. Wenn wir das merkwürdig finden, liegt es vor allem daran, dass die meisten Alltagssituationen uns (glücklicherweise) keinen Anlass geben, uns diesen Prozess bewusst zu machen.

KREATIVITÄT

Fangen wir mit einem Rätsel an: Wie heißt die Gestalt aus der griechischen Mythologie, die als Mensch mit Stierkopf dargestellt wird? Sie kommen nicht sofort auf das Wort? Es liegt Ihnen auf der Zunge? Ich fühle mit Ihnen. Schieben Sie Ihre Enttäuschung einen Moment beiseite.

Im Gegenzug möchte ich Ihnen anbieten, Ihnen das äußerst kostbare Rezept der Kreativität zu verraten, das sich nur unter aktiver Mitwirkung unserer bewussten und unbewussten mentalen Fähigkeiten ausprobieren lässt.

Was die Kreativität angeht, verdanken wir zwei Wissenschaftlern unter den kreativsten Köpfen der Menschheitsgeschichte besonders viel: Albert Einstein und Henri Poincaré. Dank ihrer Beobachtungen wissen wir, dass die geniale und außergewöhnliche Lösung eines abstrakten wissenschaftlichen Problems auf einem vierphasigen Prozess beruht.

Der Grundpfeiler dieser Entdeckung ist die erste Phase, die Vorbereitung. Sie besteht darin, stundenlang über das Problem nachzudenken, das man lösen möchte. Diese Phase bringt ein intensives Gefühl großer, geistiger Anstrengung mit sich. Die Vorbereitungsphase besteht also kurz gesagt darin, dass man sich mit dem Problem auseinandersetzt. Die NEURONALEN NETZWERKE DES BEWUSSTSEINS laufen auf Hochtouren und sind vollauf damit beschäftigt, die «Anforderungslisten» der erwarteten Lösung durchzuackern. Gleichzeitig arbeiten sie an strategischen Alternativen, mit denen sich das Problem auf andere Weise angehen ließe.

In den meisten Fällen endet das Abenteuer an dieser Stelle und unsere Anstrengungen waren vergeblich. Wir stehen mit leeren Händen oder besser gesagt leeren Hemisphären da und haben ein nach wie vor ungelöstes Problem.

Die zweite Phase ist die sogenannte Inkubation. Der Wissenschaftler legt das Problem beiseite und vertreibt sich die Zeit mit anderen, weniger schwerwiegenden Beschäftigungen, etwa einem Spaziergang oder Tagträumereien. Jetzt ist die bereits erwähnte, unbewusste mentale Aktivität am Zug. Sie wirkt hinter den Kulissen unserer Psyche, inmitten der zahlreichen NEURONALEN NETZWERKE unseres CORTEX.

Genau in dieser Phase werden unbewusst außergewöhnliche, neue Ideen erarbeitet. Kaum hervorgebracht, dringen diese Ideen in das Bewusstsein ein und leiten die brutalste und kürzeste der vier Phasen ein, die «Erleuchtung». Das *Heureka!* des Archimedes meint genau diesen Akt der BEWUSSTWERDUNG, der Erkenntnis nach der vorangegangenen und unbewussten Arbeit der Inkubation. Das noch unbearbeitete Klümpchen Gold wird anschließend in der vierten und letzten Phase, der «Verifikation», in einem langen, bewussten Arbeitsprozess überprüft und in Form gebracht.

Dieses Rezept der Kreativität hilft uns zu verstehen, dass die romantische Vision des angeblich unbewusst erschaffenden Genies eine Lüge ist, die den gesamten Prozess unterschlägt. Die geniale Idee entsteht zwar in der unbewusst ablaufenden Inkubationsphase, so viel ist richtig, aber diese kann nur stattfinden, wenn ihr ein intensiver, bewusster Arbeitsprozess vorangegangen ist und folgt! Bis Einstein seine genialen und unschätzbar wertvollen Intuitionen zusammengetragen hatte und schließlich die Relativitätstheorie formulierte, musste er Physik studieren, Tausende von Stunden bewusst nachdenken und die Grenzen der newtonschen Physik überwinden. «Ich weiß nicht, was Inspiration ist», sagte jener andere Riese namens Picasso, «aber wenn sie kommt, hoffe ich, dass sie mich bei der Arbeit antrifft.» Die geniale Schöpfung entspringt also nicht irgendwelchen Tiefen Ihres denkenden Unterbewusstseins, sondern sie ist das Ergebnis einer fruchtbaren Zusammenarbeit zwischen Ihren bewussten und unbewussten geistigen Polen.

Warum und wieso?

Weil das neuronale Netzwerk unseres Bewusstseins dazu in der Lage ist, den wunderbaren, aber unbewusst ablaufenden und daher sozusagen blinden Verarbeitungsprozessen unseres Gehirns eine bestimmte Richtung zu geben. Das Duo aus unserem Bewusstsein und den unbewussten kognitiven Faktoren, die in uns wirken, ist zu unglaublichen Höchstleistungen imstande.

Dieses Rezept der Kreativität ist auch ein Sinnbild für die komplementären Pole unseres geistigen Lebens, die, häufig zu Unrecht, Rücken an Rücken dargestellt werden (aufgrund der missverständlichen Vokabeln bewusst und unbewusst). Das gilt besonders für die Pädagogik, die Ausbildung, die Arbeitswelt und die Forschung. Kreativität ist weder bewusst noch unbewusst, sondern beruht vor allem auf einem gewinnbringenden Austausch, einer Win-win-Situation, zwischen unserem Bewusstsein und unbewusst ablaufenden Prozessen; beide Phänomene verfügen über besondere und sich ergänzende Fähigkeiten. Das Bewusstsein arbeitet tatsächlich einheitlich, integrativ und stetig, zugleich aber auch langsam, seriell und in seinen Fähigkeiten sehr begrenzt. Umgekehrt verlaufen unbewusste Prozesse sehr vielfältig und parallel, aber eben auch flüchtig, unstetig und uneinheitlich. Der Vorteil, beide miteinander zu verknüpfen, liegt also auf der Hand.

Das Sahnehäubchen (und dabei habe ich kein neues Gericht auf dem Teller liegen) auf diesem Rezept der Kreativität: Es hat der Menschheit bisher nicht nur zu vielen revolutionären Einsichten verholfen, sondern hilft auch dabei, Probleme zu lösen, die niemanden außer Sie und mich interessieren. Unsere Alltagsprobleme, beispielsweise.

Um etwa endlich darauf zu kommen, wie diese Gestalt aus der griechischen Mythologie heißt, die als Mensch mit Stierkopf dargestellt wird. Wie aus dem Nichts fällt Ihnen plötzlich das Wort ein? Minotaurus!

Bravo, Sie haben sich Ihre Haube als «Chefkoch, bewusst und unbewusst» redlich verdient!

Selbst wenn Ihnen das Wort nicht wieder eingefallen

ist oder wenn es Ihnen seit Beginn dieses Kapitels durch den Kopf gegangen ist, entscheidend ist doch eines: dass Sie, wenn Sie das nächste Mal vor einer (echten) kognitiven Herausforderung des täglichen Lebens stehen, an dieses kostbare Rezept denken!

NEURO-SCIENCE-FICTION

Unsere Spaziergänge durch Karte und Gebiet unseres Bewusstseins führen uns weiter, und wir befinden uns jetzt am Anfang einer außerordentlich verblüffenden Wegstrecke.

Auf dieser Etappe gibt sich unser Bewusstsein als ein Königreich subjektiver Bedeutungen zu erkennen. Bedeutungen, die sich daraus ergeben, wie wir die Welt und uns selbst interpretieren und an die wir mehr oder weniger überzeugt glauben. Dieses Material bezeichne ich gern als Fiktionen. Nicht um anzudeuten, dass sie nicht zutreffend wären (unsere Fiktionen sind sehr gut an die Realität angepasst), sondern um zu unterstreichen, dass sie vor allem – wie es Fiktionen nun einmal an sich haben – den Zweck erfüllen, uns selbst als sinnvoll zu erscheinen. Dass sie unser Bedürfnis nach Sinnhaftigkeit all dessen, was uns widerfährt, befriedigen.

Mit einer Verbeugung vor Aristoteles, auf den der berühmte Satz «Die Natur verabscheut die Leere» zurückgeht, können wir hier paraphrasieren: «Der Geist verabscheut den Un-Sinn, die Sinnesleere.»

Unser Geist-Gehirn lässt sich tatsächlich als eine Maschine beschreiben, die Sinn produziert. Zunächst auf unbewusste Weise, dann erschließen wir uns diesen Sinn bewusst, und schließlich stricken wir diesen Sinn sozusagen immer wieder um, korrigieren ihn, ändern ihn ab, ersetzen ihn, und so weiter. Unser geistiges Leben hat große Ähnlichkeit mit einem Manuskript, das unablässig redigiert wird.

Ich möchte zwei Beispiele für diese Fiktionen anführen, zwei Beispiele für Neuro-Science-Fiction.

Im ersten Beispiel geht es um einen Patienten, dessen Hemisphären infolge einer chirurgischen Durchtrennung des BALKEN – Sie erinnern sich, der dicken Kabelstränge, die beide Hemisphären miteinander verbinden – nicht mehr kommunizieren können. Wir sprechen hier von einem «geteilten Gehirn». Nur die linke Hemisphäre des Patienten verständigt sich durch gesprochene Sprache, während die rechte Hälfte schweigt, obwohl sie ebenfalls bewusst und zu absichtsvollen Entscheidungen in der Lage ist. Zeigt man solchen Patienten ein Wort auf der linken Hälfte eines Bildschirms, können sie es lediglich mit der rechten Hemisphäre lesen und verstehen. Genau das hat der Neuropsychologe Michael Gazzaniga in einem berühmten Experiment gemacht. Er präsentierte einem Patienten mit geteiltem Gehirn das Wort «WALK» («Gehe»), obwohl er wusste, dass nur die rechte Hemisphäre des Patienten das Wort lesen konnte. Direkt anschließend entschied die rechte Hemisphäre, dem Befehl zu gehorchen, und startete das Programm «Bewegung». Der Patient stand auf und ging in Richtung Tür. Der entscheidende Moment war gekommen. Gazzaniga spielte den Erstaunten und fragte den Patienten: «Wohin gehen Sie?», sehr wohl wissend, dass ihm die linke Hemisphäre des Patienten antworten würde, die ja nicht wusste, was den Patienten dazu veranlasst hatte, zur Tür zu gehen. Die rechte Hemisphäre hingegen, die den Entschluss, zur Tür zu gehen, getroffen hatte, konnte sich nicht äußern. Die linke Hemisphäre erwiderte daraufhin sehr schlagfertig: «Ich bin halb verdurstet und hole mir was zu trinken!» Da diese linke Gehirnhälfte ja keinen Zugang zur eigentlichen Ursache ihres Handelns hatte, erzeugte sie spontan eine Erklärung, statt den Grund des Verhaltens zu hinterfragen. Eine Fiktion machte es möglich, das Nichts zu verjagen, die Leere, die durch eine fehlende Erklärung entstanden wäre.

Solche Fiktionen sind nicht nur Patienten mit geteiltem Gehirn vorbehalten. Bei ihnen sind sie aufgrund der Erkrankung nur leichter zu erkennen, aber in Wahrheit sind diese Fiktionen bei uns allen am Werk.

Auf den Psychologen Petter Johansson geht ein Experiment zurück, mit dem sich die gleichen Phänomene bei Gesunden nachweisen lassen. Dieses Experiment, übrigens leicht sexistisch angehaucht, bestand darin, gesunden Versuchspersonen beiderlei Geschlechts zwei Photographien von weiblichen Gesichtern vorzulegen. Die Versuchsperson musste mit dem Finger auf diejenige der beiden Frauen zeigen, die sie attraktiver fand. Daraufhin drehte der Psychologe das Bild um, schob das verdeckte Bild der Versuchsperson zu, bat diese, sich das Bild nochmals anzuschauen und ihre Wahl zu erklären. Was die Versuchsperson natürlich nicht ahnte: Der Psychologe hatte, wie ein Zauberkünstler, Photographien in seinem Ärmel versteckt.

Manchmal, wenn die Versuchsperson sich für Bild A entschieden hatte, tauschte der Psychologe die Photographie heimlich aus und gab der Versuchsperson die Photographie der anderen Frau (Bild B) zurück, als hätte er oder sie sich für diese entschieden. Überraschenderweise hatte die überwiegende Mehrheit der Versuchspersonen keinerlei Schwierigkeit, ihre falsche Wahl, die sie nie getroffen hatten, überzeugend zu erklären! Das Bedürfnis, Sinn herzustellen, statt sich einer sinnlosen Situation auszusetzen, ließ sich nicht unterdrücken. Wie Sie sehen, sind wir hier nicht mehr sonderlich weit entfernt sind von dem Patienten mit geteiltem Gehirn.

Liebe Leserin, lieber Leser, selbst wenn es nicht zu unserem eigentlichen Thema gehört, ist es mir doch wichtig, Ihnen an dieser Stelle zu sagen, dass ein ebenso sexistisches Experiment, bei dem Abbildungen von Männern gezeigt worden wären, zu exakt denselben Ergebnissen geführt hätte. Wir müssen allem und jedem unbedingt einen Sinn verleihen. Wir fiktionalisieren die Wirklichkeit, meist ohne es zu wissen. Aber diese Neuro-Science-Fiction ist ganz real: Sie ist eine der Lebensbedingungen, ohne die wir nicht auskommen.

GESELLSCHAFT ALS GEHIRN

Sobald man eine Fremdsprache beherrscht, kann das manchmal indirekt dabei helfen, eine andere zu sprechen, dank der Analogien zwischen beiden. Ich erinnere mich an einen befreundeten Mitschüler, der mir erzählte, dass sein Vater – der Latein studiert hatte und später Zahnarzt wurde (Gottes Wege sind unerforschlich) – als Fünfundzwanzigjähriger allein Italien bereiste und sich dabei nur mit Hilfe seiner Lateinkenntnisse durchschlug.

Keine Sorge, wir wollen hier weder Zahnärzte noch Lateiner werden, aber wir möchten uns das zunutze machen, was wir über die im Gehirn wirksamen Mechanismen unseres Bewusstseins gelernt haben, um einer faszinierenden Frage nachzugehen: der Frage der Globalisierung. Oder anders gesagt – wie kann man Gehirnversteher nicht nur bezogen auf eine Einzelperson, sondern im Hinblick auf unsere ganze Gesellschaft sein.

Und auf welche Weise?

Die Überlegung lässt sich zwar nur schlecht strukturieren, aber da ich mich mit dem Thema bereits in einem meiner früheren Bücher befasst habe, werde ich hier kurz mein Vorgehen und meine Resultate zusammenfassen.

Bei dieser Überlegung geht es in erster Linie um Analogien der Kommunikation, und zwar um Analogien zwischen den NEURONALEN NETZWERKEN DES BEWUSSTSEINS, das uns seit einigen Kapiteln besonders beschäftigt, und denen des Makrokosmos unserer globalisierten Gesellschaften.

Eine der Auswirkungen der Globalisierung besteht im Kontrast zwischen einer ungeheuren Beschleunigung und Verbesserung unserer Fortbewegungsmöglichkeiten und dem stetig zunehmenden Gefühl, uns nicht wirklich zu bewegen. Ich reise mühelos und habe doch das Gefühl, immer am selben Ort zu bleiben, weil die Welt zunehmend gleichförmiger wird. Eine Art «bewegungslose Reise», deren deutlichstes Abbild die *Mall* ist, das Einkaufszentrum. Ob in Los Angeles, Paris oder Tokio, überall sieht es vollkommen identisch aus. Diese Gleichförmigkeit besteht auch in unterschiedlichen räumlichen Größenordnungen: zwischen verschiedenen Vierteln einer Stadt, zwischen verschiedenen Städten eines Landes, zwischen verschiedenen Orten in der Welt. In allen drei Fällen sind folgende Faktoren am Werk: eine zunehmende Uniformität der Orte und Städte, ihre daraus resultierende relative Verkümmerung und der enorme Anstieg der zwischen diesen Orten stattfindenden Kommunikation.

Jeder von uns hat bereits ähnliche Erfahrungen gemacht, und genau während einer solchen «bewegungslosen Reise» drängte sich mir die Analogie mit dem Gehirn auf.

Denn auch im Gehirn gibt es eine Form der bewegungslosen Reise, und sie weist dieselben charakteristischen Eigenschaften auf: übermäßige Kommunikation zwischen verschiedenen Bereichen des Gehirns, Uniformität, und zunehmend weniger Aktivitäten in den betroffenen Bereichen.

Zurückübersetzt in die Sprache des Gehirns, könnte man den Ausdruck «verheerende Folgen der Globalisierung» auch als eine «epileptische Krise» bezeichnen. Eine epileptische Krise der Welt, nicht des Gehirns.

Was geschieht, wenn sich eine epileptische Krise in unserem Gehirn ausbreitet und auf die neuronalen Netzwerke des Bewusstseins übergreift, die uns ja inzwischen bekannt sind? Der Patient bleibt zwar wach und führt automatische Handlungen aus, aber er ist sich dessen nicht mehr bewusst.

Angewandt auf den sozialen Makrokosmos, zeichnet sich hier ein neues Konzept ab: der epileptische Bewusstseinsverlust einer Gesellschaft. Eine wache und handelnde Gesellschaft, die jedoch aufgrund übermäßiger Kommunikation und massiver Gleichförmigkeit der Mentalitäten das Bewusstsein zu verlieren droht. Wenn das Krankheitsbild in seiner radikalen Form auch an die totalitären Regimes des 20. Jahrhunderts erinnert (die «Wirren» dieses Jahrhunderts der Extreme, die unweigerlich an den verwirrten Zustand eines Epileptikers erinnern), sollte man darüber weder die völlig neuen Formen der heutigen Globalisierung vergessen noch ihre Besonderheiten.

Tatsächlich geht das Risiko auf die komplexe Struktur unserer zeitgenössischen sozialen Kommunikationsnetzwerke zurück, die in unseren Gehirnen nicht weniger epileptischen Bewusstseinsverlust zulassen als das

Bewusstsein selbst! Die Gefahr einer globalen Epilepsie lässt sich nur durch ein ausgeprägtes, kollektives Bewusstsein verhindern, wie es beispielsweise gelungene Formen der Demokratie darstellen.

Selbst wenn Gespräche über das Gehirn natürlich keine soziologische, ökonomische oder historische Analyse zeitgenössischer Phänomene ersetzen können, ist es vielleicht doch eine Möglichkeit, sich ihnen auf diesem Umweg, mit einer Mischung aus Vorsicht und Optimismus, zu nähern. Unter diesem Vorzeichen wollte ich Ihnen jedenfalls, am Ende des Abschnitts über das Bewusstsein, diese Überlegung vorstellen.

Und zugleich daran erinnern, dass unsere vernetzte Gesellschaft zwar Gefahr läuft, sich in ihren eigenen Netzen zu verfangen, und uns damit dem beunruhigenden Risiko einer globalen Epilepsie aussetzt, aber dass sie uns auch die Möglichkeit bietet, uns diesen Netzwerken nicht auszuliefern, sondern sie mit Umsicht und Vernunft zu nutzen und den roten Faden nicht aus den Augen zu verlieren.

Was uns sogleich zu den nächsten Kapiteln führt, in denen wir unser Garn weiterspinnen – diesmal nicht metaphorisch – und direkt auf das Gehirn von heute und morgen zu sprechen kommen werden.

5

ZEIT, STOFF DES LEBENS

Das Gehirn heute
und morgen

DAS BELOHNUNGSSYSTEM

Das Belohnungssystem, das dem klassischen Konditionieren zugrunde liegt, belohnt unser Verhalten – jedenfalls einen großen Teil davon – und sogar unsere Gedanken. Dieses System ähnelt dem berühmten Konditionieren des Pawlow'schen Hundes und greift auf unsere Fähigkeit zurück, unsere Motivation unter Beweis zu stellen.

Es handelt sich dabei um ein NEURONALES NETZWERK, das kleine, tief liegende Regionen unseres Gehirns (sie befinden sich vor allem in den berühmten BASALGANGLIEN, die wir ja bereits besucht haben) mit Regionen in den FRONTALLAPPEN verknüpft (auch dort waren wir kürzlich unterwegs; vergessen Sie nicht, von Zeit zu Zeit Ihren Wortschatz zu wiederholen).

Das Belohnungssystem stellt in Echtzeit das, was wir gerade tun, dem gegenüber, was wir dabei empfinden. Wenn das, was wir tun, mit einem angenehmen Erlebnis in Verbindung gebracht wird, wertet oder «verstärkt» dieses Belohnungssystem unser Verhalten, macht es also, anders ausgedrückt, immer wünschenswerter und hält uns zu Wiederholungen an. Umgekehrt «entwertet» das System unser Verhalten, wenn negative Dinge damit in Verbindung gebracht werden.

Auf diese Weise hat der Psychologe Burrhus Frederic Skinner Tauben «abergläubisch» gemacht!

Dabei wird eine Taube in einen Käfig mit leerem Futterspender gesetzt. Ganz unvorhergesehen, ohne dass irgendein Zusammenhang mit dem Verhalten der Taube besteht, liegt ein Korn in diesem Spender. Das Belohnungssystem der Taube stellt einen eindeutigen Zusammenhang zwischen dem her, was das Tier tut (beispielsweise den Kopf nach links zu drehen), und der daraufhin folgenden, wertvollen Belohnung. Schwupps!, schon wird das Verhalten positiv verstärkt, und die Taube dreht den Kopf ab sofort immer wieder nach links, um neue Körner zu bekommen.

Das Gleiche geschieht, wenn wir belohnt werden, während wir eine bestimmte Beobachtung machen. Dann stellt unser Belohnungssystem unweigerlich einen Zusammenhang zwischen Belohnung und Reiz her. Aus diesem Grund nahm der Speichelfluss des Pawlow'schen Hundes zu, sobald er das Klingelzeichen hörte, das jedes Mal ertönte, wenn ihm ein schmackhafter Knochen gebracht wurde.

Auch wenn die Belohnungssysteme uns nicht gerade zu Tauben machen, muss man immerhin einräumen, dass wir selbst manchmal durch den Ton bestimmter Klingelzeichen in die Falle tappen! Die Erkennungsmelodie der Flughäfen von Orly oder Roissy reicht schon aus, um uns in gute Laune zu versetzen, während die Warteschleifenmusik des Arbeitsamtes eher das Gegenteil bewirkt.

Das Belohnungssystem des Menschen ist jedoch auf erheblich komplexere Weise im Gehirn verankert als bei Tauben und Hunden. Der zeitliche Abstand zwischen Verhalten und Belohnung (oder Bestrafung) kann deutlich länger sein – dank unseres bewussten Arbeitsgedächtnisses mehrere Minuten und dank unseres EPISODISCHEN GEDÄCHTNISSES sogar mehrere Monate, wenn nicht Jahre.

Die Belohnung selbst zielt auf unsere fundamentalen Bedürfnisse ab, kann jedoch auf einzigartige Weise durch eine Palette sozialer, symbolischer und kultureller Belohnungen erweitert werden.

Geld gehört historisch gesehen zu den recht neuen Erfindungen. Es bedient sich perfekt der besonderen Eigenschaften unseres Belohnungssystems: als ein symbolisches Objekt, das unendliche Sehnsüchte weckt, die sich, im Unterschied zu den Bedürfnissen nach Nahrung oder Sexualität, nicht befriedigen lassen.

Dank unserer Fähigkeit zur Phantasie können wir Umdeutungen vornehmen: Wir sind in der Lage, eine Belohnung durch eine andere zu ersetzen. Das nennt man Sublimierung.

Ist das Belohnungssystem zerstört oder beschädigt, verhalten sich Patienten bisweilen extrem apathisch. Sie sind unfähig, aufzustehen, um einen Schritt zu gehen, unfähig, ein einziges Wort auszusprechen. In diesem Fall spricht man von vollständigem Antriebsverlust, also der vollkommenen Unfähigkeit, zu handeln oder zu denken.

Umgekehrt hängt ein Großteil der Suchtprobleme von einer Störung des Belohnungssystems ab, das hier ganz aus dem Häuschen gerät. Normalerweise ordnet das System unsere Erfahrungen mit Hilfe von NEURO-

TRANSMITTERN entweder als Belohnung (Vergnügen) oder als Strafe (Missvergnügen) ein.

Auch süchtig machende Substanzen können unser Belohnungssystem massiv beeinflussen. Sie überschwemmen es mit Molekülen, die den Neurotransmittern des Belohnungssystems ähneln! Diese Attrappen führen zu einem Kurzschluss im Belohnungssystem, das, der Pflicht enthoben, eine Erfahrung als Vergnügen oder Missvergnügen zu bewerten, sich gezwungen sieht, eine extrem hohe Belohnung auszuschütten. Demzufolge wird das Belohnungssystem mit allen Mitteln versuchen, die Einnahme der Substanz zu wiederholen, und gerät so in Abhängigkeit.

Hat Ihr kostbares Freiheitsgefühl beim Lesen dieser Zeilen gewissermaßen einen Schlag bekommen? Das ist völlig normal. Es ist eine Illusion zu glauben, wir wären frei von den Zwängen unseres Belohnungssystems. Deswegen ist es hilfreich, wenn wir uns seine Mechanismen BEWUSSTMACHEN und dadurch seinen Einfluss begrenzen. Nur so können wir die einzige Form von Freiheit anstreben, die uns zur Verfügung steht. Und wer weiß, vielleicht sind Sie, so gesehen, schon auf dem besten Weg zu größeren Freiheitsgraden?

DIE SCHMERZMATRIX

Obwohl wir in diesem Buch lernen, schmerzfrei über das Gehirn zu sprechen, bewahrt uns das nicht vor einer kleinen Führung durch das Gehirn im Schmerz.

Ich will nicht lange um den heißen Brei herumreden: «Am Anfang aller Schmerzen war der CORTEX.» Die Formulierung sollte weder als Blasphemie noch als Begründung einer Neuro-Religion verstanden werden, sondern als schlichte Tatsache. Schmerz ist eine bewusste Sinnesempfindung und eine äußerst unangenehme emotionale Erfahrung obendrein. «Autsch! Das tut weh!» Eine Erfahrung, die oft von Klagen begleitet wird.

Schmerzempfindung setzt den bewussten Zustand einer Person voraus; der Cortex muss also funktionsfähig sein. Ohne Bewusstsein kein Schmerzempfinden. Aus diesem Grund wurde übrigens die Anästhesie erfunden: Verlust des Bewusstseins bedeutet Verlust des Schmerzes. Mitten im Cortex hat man das Netzwerk gefunden, das bei der Entstehung von Schmerzen beteiligt ist. Man spricht hier von *pain matrix,* der Schmerzmatrix. Diese Matrix verbindet insbesondere zwei Bereiche miteinander.

Der eine, die sogenannte Insel, prüft und verortet die Sinnesempfindung Schmerz: Wo genau tut es in meinem Körper weh? Auf welche Weise tut es mir weh, ist es ein Stich, eine Verbrennung, ein reißender Schmerz oder eine Quetschung?

Der andere Bereich, der anteriore cinguläre Cortex (ACC), ist für die emotionale Verarbeitung des Schmerzes zuständig, für die Intensität und das Empfinden. Es tut mehr oder weniger weh. Und unser «Autsch!» artikuliert sich entsprechend mehr oder weniger dringlich.

Mit anderen Worten, wenn Sie sich den Daumen in der Tür einklemmen, kommt die erste Nachricht direkt aus den Nerven Ihres Daumens. Nervenfasern leiten diese Nachricht an Ihr Rückenmark weiter und von dort in Ihr Gehirn. Diese Nerveninformationen, gleichfalls potenzielle Schmerzen, lösen erst dann ein Schmerzempfinden aus, wenn die kortikale Matrix der Schmerzen sie registriert.

Ohne Matrix keine Schmerzen. Übrigens gibt es einen altmodischen operativen Eingriff, bei dem der emotionale Bereich der Schmerzmatrix (der anteriore oder vordere cinguläre Cortex) geschädigt wird. Diesen Eingriff nimmt man nur bei Patienten mit unerträglichen Schmerzen vor, denen keine andere Behandlung hilft, und er ist heutzutage sehr selten. Er beweist jedoch, wie die Schmerzmatrix funktioniert.

Ein Patient des Neurologen Nicolas Danziger empfand nach einer Schädigung in diesem Bereich der Matrix keine Schmerzen mehr. Der Patient nahm zwar Temperaturunterschiede oder die Intensität einer schmerzhaften elektrischen Stimulierung an seiner Hand wahr, blieb aber währenddessen völlig ungerührt. Seine Miene verriet nicht das geringste Unbehagen, weder beklagte er sich, noch zog er die Hand zurück. Er empfand überhaupt keinen Schmerz.

Diese Funktion lässt sich auch unter Hypnose feststellen. Unter Hypnose können Schmerzen gemindert oder manchmal sogar ganz unterdrückt werden, indem unsere Aufmerksamkeit von Informationen über «potenzielle Schmerzen» in unserem Körper abgelenkt wird. Auf diese Weise gelingt es unserer Matrix, Schmerzen zu missachten, ihnen nicht unterworfen zu sein. Einzig und allein mittels unserer Vorstellungskraft, die ebenfalls von unserem Gehirn ausgeht.

«Ich glaube an die Kräfte des Geistes», sagte François Mitterrand. Unser Schmerz auch.

Umgekehrt kommt es gelegentlich vor, dass die Matrix einen Schmerz ohne entsprechende Informationen des Körpers entstehen lässt. Beispielsweise Schmerzen in amputierten Gliedmaßen.

Viele Phänomene, die geradezu darum wetteifern, unsere Eingangsmaxime etwas hochtrabend klingen zu lassen. «Am Anfang aller Schmerzen war der Cortex.»

Dennoch: Zieht man in Betracht, dass Schmerzen einen Beginn haben, lässt sich vorstellen, dass sie durch etwas anderes verlängert werden können! Eine Fortsetzung, ein Danach, etwas, das über den bloßen physischen Schmerz hinausgeht.

Und dieses Andere existiert tatsächlich. Bei sozialen Kränkungen greifen wir häufig auf das Vokabular aus dem Lexikon der Schmerzen zurück: Was du zu mir gesagt hast, hat mir wehgetan; deine Worte haben mich verletzt; es war eine schmerzhafte Niederlage …

Eine Wiederverwendung von Worten, mit denen wir körperliche Schmerzen beschreiben und die wir zugleich für schmerzliche Erfahrungen in unserem zwischenmenschlichen Umfeld benutzen. Sind es einfach nur rein bildhafte Formulierungen oder verweisen sie auf tiefere Zusammenhänge zwischen den beiden Arten des Schmerzes?

Die US-amerikanische Psychologin Naomi Eisenberg hat im fMRT die Gehirnaktivität erwachsener Versuchspersonen während eines Videoballspiels aufgezeichnet. Mit Hilfe eines Bildschirms und zweier Bedienungsknöpfe warf ein Freiwilliger zwei anderen Spielern, von denen man ihm gesagt hatte, sie befänden sich in einem anderen Raum, Bälle zu. In Wirklichkeit waren seine beiden Mitspieler jedoch Computer. Die Partie fing gut an, aber allmählich wurde der freiwillige Teilnehmer vom Spiel ausgeschlossen! Allein, in der dunklen und kalten Röhre des fMRT reichte diese Versuchsanordnung aus, dass der Freiwillige eine leichte soziale Kränkung verspürte. Zurück auf dem Pausenhof! Ahnen Sie, welches Resultat das fMRT lieferte? Während dieser sozialen Schmerzen war die Schmerzmatrix der Versuchsperson aktiviert worden.

Vom physischen bis zum sozialen Körper ist der Schmerz in unserem Leben allgegenwärtig. Schlechte Nachrichten! Trotzdem hoffe ich, dass diese Geschichte Ihre Schmerzmatrix nicht allzu sehr aktiviert hat.

DIE SPIEGELNEURONEN

Wenn ich mich traute, würde ich Ihnen vorschlagen, sich diesem Thema zu nähern, indem Sie sich in mich hineinversetzen. Ich würde Sie bitten, sich vorzustellen, was in mir vorgeht, während ich gerade dabei bin, Ihnen den Begriff «Spiegelneuron» zu erklären. Warum das? Weil die Aufgabe, sich in jemanden hineinzuversetzen, bereits veranschaulicht, wie dieser einzigartige Typ von NEURONEN, die Spiegelneuronen, funktioniert.

Der Begriff geht auf das Ende der Achtzigerjahre des letzten Jahrhunderts zurück und erblickte das Licht der Welt in Italien unter den Augen von Giacomo Rizzolatti. Die originelle Entdeckung vereint sämtliche Komponenten der *serendipity*, der Serendipität, auf sich, wie die Kunst genannt wird, etwas so gut wie nebenbei zu entdecken, dessen Bedeutung man erst im Nachhinein erkennt.

Rizzolatti und seine Mitarbeiter hatten sich auf das Studium der Entscheidungsfindung bei Primaten spezialisiert. Um die Neuronenaktivität im CORTEX eines Affen zu messen, hatten sie dem Tier Mikroelektroden ins Gehirn eingesetzt. Das betreffende Neuron wurde aktiv, wenn der Affe den Arm ausstreckte, um eine der Erdnüsse, die vor ihm lagen, zu ergreifen und sie zum Mund zu führen. Mit anderen Worten gab das Neuron keinen Befehl an einen bestimmten Muskel im Arm, im Unterarm, in der Hand oder im Mund des Affen, sondern codierte die Bewegungsabsicht der gesamten Geste.

Dann aber streckte einer der Forscher, der dem Affen gegenübersaß, die eigene Hand aus, um eine Erdnuss zu nehmen. Überraschung! Das Neuron, dessen Aktivität aufgezeichnet wurde, schlug auf genau dieselbe Weise aus, als hätte der Affe selbst nach der Erdnuss gegriffen! Das Neuron reagierte also auf die Bewegungsabsicht des Affen und auf die des Forschers. In etwa so wie ein Spiegel, in dem sich die Absicht des Affen und die Absicht seines Kollegen (in diesem Falle eher die seines menschlichen Verwandten) spiegelte. Daher auch die Bezeichnung Spiegelneuron.

Inzwischen sind Tausende von Spiegelneuronen bei Primaten aufgezeichnet worden und seit kurzem auch bei Menschen, denen im Rahmen präoperativer Untersuchungen Elektroden ins Gehirn eingesetzt wurden.

Die Spiegelneuronen spielen höchstwahrscheinlich eine Rolle beim sozialen Erlernen unterschiedlicher motorischer Fähigkeiten, handele es sich um gesprochene Sprache, Metallverarbeitung, Chirurgie oder auch das Tennisspiel. Lernen, indem man etwas selbst macht, aber auch, indem man zuschaut. Lernen, indem man sich in den anderen hineinversetzt. Man weiß, dass der Spracherwerb die Sozialisation voraussetzt, er könnte jedoch auch teilweise auf den Netzwerken der Spiegelneuronen beruhen. Die positive Wirkung von Gemeinschaft hat vielleicht hier ihre Wurzeln.

Als Spiegel zwischen dem Ich und den Anderen könnten die Spiegelneuronen auch am Mechanismus des Begehrens beteiligt sein: Jemand anderen beobachten, der etwas oder jemand anderen begehrt, löst in uns vielleicht ein ähnliches Begehren aus, weckt oder verstärkt einen ähnlichen Wunsch. Diese Konzeption des Begehrens bildet das Herzstück der Mimetischen Theorie von René Girard: Zwischen unseren Absichten und denen der anderen findet eine Art gegenseitiger Ansteckung statt. Der Mechanismus der Nachahmung könnte zumindest eine der ersten Etappen in diesem Prozess sein, unabhängig davon, wie klar umrissen oder undeutlich das Objekt der Begierde sein mag. Vom Begehren zur Eifersucht und zum Neid ist es ja bekanntlich nicht weit.

«Spiegelneuron, ach Spiegelneuron, wer ist die Schönste im ganzen Land?», lautete dann die Frage der bösen Königin in einer neuro-aktualisierten Version von Schneewittchen.

Wie bei anderen bedeutenden Entdeckungen wird über die Einflussbereiche der Spiegelneuronen noch diskutiert. Über Bewegungsabsichten hinaus sind sie vielleicht auch in anderen Bereichen unseres mentalen und affektiven Lebens wirksam.

Spiegelneuronen könnten beispielsweise einen gewissen Anteil an unserer Fähigkeit zur Empathie haben, indem wir durch sie das Leid eines Mitmenschen nachempfinden. Der Grad dieses Nachempfindens könnte übrigens auch implizit darauf verweisen, welche Nähe wir zwischen uns und anderen zulassen.

In jedem Fall sollte man unbedingt wissen, dass uns zwei große Mechanismen in unserem Gehirn zur Empathie befähigen. Zum einen das Spiegelsystem, das eine automatische, unbewusste und beinahe reflexhafte Reaktion auslöst. Und zum anderen ein weniger reflexhaftes, weniger schnell ausschlagendes System, bewusst und willensgesteuert, das uns eine eher reflektierte als mitfühlende Empathie empfinden lässt.

Ein Beispiel?

Manche Menschen werden aus genetischen Gründen ohne jene Nervenfasern geboren, die dem Gehirn Informationen über eventuelle Schmerzen liefern. Diese Menschen besitzen eine angeborene Schmerzunempfindlichkeit. Daraus folgt: Sie haben noch niemals Schmerzen empfunden.

Wie reagieren sie, wenn man sie mit den Schmerzen eines anderen konfrontiert, beispielsweise auf suggestiven Fotografien?

Obwohl ihnen das zurückgeworfene Spiegelbild fehlt, sind sie dennoch zu bewusster, nachempfindender Empathie fähig, wie man aus ihren Antworten und aus ihren Gehirnaktivitäten ableiten kann.

Unser soziales Leben erschöpft sich also nicht in der Aktivität der Spiegelneuronen, sie tragen jedoch mit Sicherheit dazu bei.

Ironischerweise wurde dieser Baustein der Imitation, die *Mimesis*, die Aristoteles in den Rang einer ureigenen Eigenschaft des Menschen erhob, nicht beim Menschen selbst entdeckt ... sondern bei unseren nächsten Verwandten, den Primaten!

DAS ZWEISPRACHIGE GEHIRN

Das Buch, das Sie gerade lesen, vergleicht den Prozess des Gehirnverstehens mit dem Erlernen einer fremden Sprache. Da fügt es sich gut, dass wir in diesem Kapitel über ein Gehirn nachdenken, das tatsächlich und im eigentlichen Sinne des Wortes eine fremde Sprache erlernt. Wie wir sehen werden, läuft das Erlernen einer fremden Sprache darauf hinaus, dass man auch zahlreiche Kompetenzen miterwirbt, die der fraglichen Sprache zugeschrieben werden.

Um eine Sprache zu sprechen, muss man zunächst einmal ihre Phoneme erkennen, die elementaren Laute, aus denen sich die gesprochenen Wörter zusammensetzen. In den abertausend Sprachen, die die Menschheit spricht, haben die Linguisten einige hundert unterschiedliche Phoneme gezählt.

Erste Exklusivmeldung: In jeder Sprache beschränkt sich die Anzahl der Phoneme im Allgemeinen auf ein paar Dutzend, im Französischen sind es genau sechsunddreißig, im Deutschen ungefähr vierzig. Für japanische Zuhörer ist der Unterschied zwischen den Buchstaben [ʔɛʀ] und [ʔɛl] nicht hörbar, denn anders als im Französischen und Deutschen werden sie im Japanischen nicht voneinander unterschieden.

Die Aussprache von Fremdsprachen wie Franzö-

sisch oder Deutsch ist daher für Japaner schwierig.
Oder besser: sehl schwielig!

Zweite Exklusivmeldung und zugleich ein großartiges Argument für die Einheit und Gleichheit aller
Menschen: Bei ihrer Geburt können Menschenbabys
sämtliche Phoneme voneinander unterscheiden. Woher man das weiß? Beispielsweise indem man misst,
wie schnell ein drei Monate altes Baby am Schnuller
saugt, während man ihm Phoneme vorspielt. Die Sauggeschwindigkeit nimmt zu, wenn das Phonem sich
ändert. Daran kann man überprüfen, ob das Gehirn
des Neugeborenen die verschiedenen Phoneme wahrnimmt, die wir Erwachsenen nicht mehr unterscheiden
können, ob mit oder ohne Schnuller!

Die Moral von der Geschichte: Das Erlernen der
Laute einer Sprache beruht auf einem Mechanismus,
bei dem nützliche Laute verstärkt werden, und auf einem zweiten, der das Vergessen nutzloser Laute unterstützt. Dieser Mechanismus setzt früh ein, noch vor
der Vollendung des ersten Lebensjahres.

Insbesondere aus diesem Grund erlernt man eine
fremde Sprache umso besser und effektiver, je jünger
man ist. Jenseits der Fünfundzwanzig ist es beispielsweise unmöglich, eine zweite Sprache akzentfrei zu
sprechen, ganz gleich wie intelligent man auch sein
mag.

Die PLASTIZITÄT der für Aussprache und Wahrnehmung der Phoneme zuständigen Netzwerke des Gehirns hat also zeitkritische Phasen, die man bei der
Entwicklung des Sprachunterrichts an Schulen berücksichtigen sollte.

Alles spricht übrigens dafür, dass frühe Zweisprachigkeit eine Ursache für bessere geistige Flexibilität ist. Die ständige geistige Gymnastik – und das Jonglieren zwischen zwei Sprachen ist ja nichts anderes – scheint die kognitive Beweglichkeit zu fördern.

Welche Bereiche des Gehirns sind an der Zweisprachigkeit beteiligt?

Bevor es die Werkzeuge des NEUROIMAGING gab, mit denen wir uns bereits beschäftigt haben, blieb diese Frage ziemlich rätselhaft und beschränkte sich auf die Untersuchung von Patienten mit Gehirnschädigungen. Seit dem 19. Jahrhundert wusste man, dass die Muttersprache bei Rechtshändern auf der Aktivität der linken Hemisphäre beruht, und zwar insbesondere in Bereichen, zu denen auch das berühmte BROCA-AREAL gehört. Schäden in dieser Region erschwerten die Sprachproduktion und das Verständnis der Muttersprache und zeigten sich bei allen Kranken. In Bezug auf später erlernte Sprachen herrschte jedoch größte Verwirrung.

Daniel Perani und seine Kollegen haben sich der Herausforderung gestellt und die Zweisprachigkeit bei Gesunden erforscht, unter Zuhilfenahme des fMRT. Während die Muttersprache die klassischen Sprachregionen aktivierte, wurden bei der Zweitsprache die unterschiedlichsten Regionen aktiviert. Das stimmte mit Beobachtungen an gehirngeschädigten Patienten überein, bei denen sich ebenfalls eine Aktivierung unterschiedlicher Regionen gezeigt hatte. Bemerkenswert war jedoch eines: Je besser die Personen eine zweite Sprache beherrschten, desto mehr überlagerten sich

die aktivierten Bereiche mit den klassischen Netzwerken ihrer Muttersprache! Die Gehirne ausgeprägt
zweisprachiger Versuchspersonen zeigten keine deutlichen Unterschiede mehr, wenn sie eine Geschichte in
der einen oder anderen Sprache hörten.

Hoffentlich geht es auch Ihnen ein bisschen so, wenn
Sie künftig jemanden Gehirnsprache reden hören.

DIE ZEIT DES GEHIRNS

Wie in der Kapitelüberschrift angekündigt, beschäftigen wir uns jetzt mit der Zeit des Gehirns. Damit ist nicht die berühmte «Decade of the Brain» gemeint, die George Bush in den Neunzigerjahren ausrief, und auch nicht jenes Zeitalter, für das man im Stile Malraux' ungefähr folgende Prophezeiung abgeben könnte: «Das 21. Jahrhundert wird das Jahrhundert des Gehirns sein oder es wird nicht sein.» Nein, ich beabsichtige lediglich, über die Zeit des Gehirns zu reden, genauer gesagt über die Zeitform, die unser Gehirn benutzt. Die Zeitform, in der es spricht, wenn es die Welt wahrnimmt und auf sie einwirkt. Als Gehirnversteher muss man diese erstaunliche Flexionsform kennen und sie beherrschen.

Im Gegensatz zu unserem intuitiven unmittelbaren Eindruck lebt das Gehirn nämlich nicht in der Gegenwart! Genauer gesagt, nicht ausschließlich in der Gegenwart. Unser Gehirn lebt vor allem in seiner eigenen Zeit, die ich gern als das Futur des Präsens bezeichne. In jedem Augenblick konstruiert unser Gehirn eine Zeit, die in etwa der Zeitform unmittelbare Zukunft entsprechen müsste. Also das, was wir im nächsten Augenblick wahrnehmen und erleben würden. Mit anderen Worten: das Futur des Präsens!

Wenn das Gehirn aus der Gegenwart Informationen erhält, die seine Vorhersage bestätigen, lächelt es still. Erweist sich seine Vorhersage jedoch als unzutreffend, muss es sein gesamtes Zukunftsmodell über den Haufen werfen; die daraufhin erfolgenden vielfältigen Reaktionen des Gehirns können wir mit unseren Werkzeugen des NEUROIMAGING aufzeichnen.

Erläutern wir den Vorgang an einem Beispiel.

Stellen wir uns einmal vor, ich zeichne Ihre Gehirnaktivität auf und spiele Ihnen währenddessen unaufhörlich denselben Ton vor: «bip bip bip bip bip …»

Ich sehe jetzt Folgendes in Ihrem Gehirn: Zunächst eine erste, sehr heftige Reaktion der akustischen Bereiche Ihres CORTEX. Sie beruht auf der Überraschung, die das erste unerwartete bip ausgelöst hat; im weiteren Verlauf wird die Reaktion deutlich schwächer. Warum reagieren Sie nicht mehr so heftig? Weil die Reaktion Ihres Gehirns zwei Reaktionstypen kombiniert. Zum einen die des Gehirns, das sozusagen in der Gegenwart spricht und daher jeden Ton gleich behandelt; zum anderen reagiert Ihr Gehirn, indem es an das Futur des Präsens denkt. Je mehr identische Töne aufeinanderfolgen, desto präziser wird das Vorhersagemodell des Gehirns für die unmittelbare Zukunft und bald wird die Vorhersage überhaupt nicht mehr in Frage gestellt. Während die Aktivität des im Präsens denkenden Gehirns gleichmäßig bleibt, geht die Aktivität des im Futur denkenden Gehirns gegen null. Daher wird die Reaktion Ihres Gehirns insgesamt allmählich schwächer. Wenn ich Ihnen allerdings den Ton, nach einigen Wiederholungen, plötzlich nicht mehr vorspiele, kann ich

in Ihrem Gehirn eine sehr heftige Reaktion beobachten. Das ist das Zeichen dafür, dass Ihr Gehirn sein
Vorhersagemodell der unmittelbaren Zukunft verwerfen musste, weil es nicht mehr zutrifft. So kann die
plötzliche Stille zu einem gewaltigen Aufruhr unter
Ihrer Schädeldecke führen. Vielleicht ein bisschen so
wie eine unerwartete Leerseite mitten in einem Buch.

Es kann also vorkommen, dass wir in unserem Kopf die Stille hören. Etwas Nichtausgesprochenes. Was ja bekanntlich manchmal bedeutsamer ist als lange Reden.

Um die Sache etwas zu vereinfachen, habe ich diese Flexionsform des Gehirns, das Futur des Präsens, im Singular eingeführt. Tatsächlich muss man sich die Netzwerke unseres Gehirns jedoch wie eine ganze Schar von Schauspielern mit jeweils unterschiedlichen Vorhersagemodellen der unmittelbaren Zukunft vorstellen. Natürlich sind diese Vorhersagen zum Teil unbewusst, aber es können auch bewusste Vorhersagen mit sehr langen Zeitspannen im Spiel sein. Sogar wenn wir im Begriff sind, eine bestimmte Geste auszuführen, simulieren wir zuerst, wie diese Geste aussehen soll und welche Konsequenzen sie haben könnte, bevor wir an die Ausführung gehen.

Im Futur des Präsens stellt sich unser Gehirn also unaufhörlich vor, was es als Nächstes erleben wird. Das gehört einfach zu unserem Menschsein: Vorhersagemodelle, die uns in einer gefährlichen und sich ständig wandelnden Welt einen unschätzbaren Überlebensvorteil liefern können. Modelle, dank derer wir uns vorzustellen vermögen, dass die Welt eine ganz andere sein könnte, als sie ist. Wir sind in der Lage, Tausende von Szenarien zu simulieren und auf sie hinzuplanen. Das Modell verdeutlicht auch, wie das Futur unseres Gehirns aus der Vergangenheit und den unmittelbaren Daten unseres Lebens schöpft. Diese winzige Zeitverschiebung zwischen der Gegenwart und dem Futur des Präsens ist kostbar. Sie entzieht uns dem

Diktat einer unerbittlichen Unmittelbarkeit, sie öffnet uns ein kleines Fenster in die Freiheit.

Time is money lautet ein beliebter Wahlspruch. Für unser Gehirn gilt jedoch etwas anderes, nämlich *Time is freedom.*

DAS KRANKE GEHIRN

Das Gehirn ist in mehrfacher Hinsicht ein ganz besonderes Organ. Seine Erkrankungen haben nicht nur eine, sondern gleich zwei medizinische Disziplinen hervorgebracht: die Neurologie und die Psychiatrie. Und dabei haben wir die Neurochirurgie noch nicht einmal erwähnt.

Spricht man über das Gehirn, bedeutet das auch, dass man sich mit diesem doppelten oder dreifachen Fachvokabular der Krankheiten beschäftigen muss. Jeder von uns hofft, nie von einer dieser Krankheiten betroffen zu sein, weder als Patient noch auch nur als Angehöriger. Dennoch lässt es sich nicht vermeiden, dass im Krankheitsfall Nichtspezialisten zum ersten Mal und völlig unvermittelt mit dieser seltsamen Fachsprache und mit den in ihr überbrachten Nachrichten zu tun bekommen. Zu behaupten, man sei ja ausreichend vorbereitet, ist reine Beschönigung.

Erkrankungen des Gehirns sind leider sehr zahlreich und vielfältig: von der Schizophrenie bis zur Alzheimer-Krankheit, über Schlaganfälle, Gehirntumore, Multiple Sklerose bis hin zu Manisch-Depressiven Psychosen, der Parkinson-Krankheit, Autismus, Epilepsie etc. Derzeit leidet in Europa mehr als eine von acht Personen unter einer dieser Erkrankungen.

In Frankreich waren Neurologie und Psychiatrie früher unter dem Dach der Neuropsychiatrie vereint. Heute sind die beiden Gebiete voneinander getrennt. Diese Trennung fand übrigens – Ironie der Geschichte – ausgerechnet in jenem Jahr statt, als alle anderen Barrieren fielen, nämlich 1968!

Grund dafür war vor allem die Entwicklung der Behandlungsmethoden und die zunehmende Spezialisierung der beiden Fachgebiete. Der Berufsalltag eines Kinder- und Jugendpsychiaters und Psychoanalytikers, der mit der Winnicott-Methode arbeitet, und der eines auf Schlaganfälle spezialisierten Neurologen weisen kaum Gemeinsamkeiten auf! Ihre Sprachen haben sich auseinanderentwickelt.

Ich bin trotzdem der Ansicht, dass die Gehirnkrankheiten im 21. Jahrhundert eine Wiedervereinigung dieser Sprachen nötig machen.

Die effektive Behandlung von Erkrankungen des Gehirns erfordert Eingriffe auf den unterschiedlichen Organisationsebenen des Gehirns, die wir im Laufe dieser Ausführungen, von den Synapsen bis zur Psyche, kennengelernt haben.

Übrigens, wenn ich das Wort Psychochirurgie fallen lasse, was antworten Sie mir darauf?

– Antwort A: Furchtbar! *Einer flog übers Kuckucksnest* und so weiter. *Vade retro!* Kein Skalpell an meinem Schädel!

– Antwort B: Oh ja!! Ich will unbedingt mein Gehirn updaten, 4G, Version 3.0!

Sie hätten in beiden Fällen unrecht. Im ersten Fall, weil es unsinnig ist, eine Gehirnoperation von vorneherein als Behandlungsoption auszuschließen; diese Einstellung setzt einen naiven Dualismus von Körper und Geist voraus. Im zweiten Fall, weil der gegenteilige Glaube an die bestehende oder zukünftige Allmacht der Neurochirurgie, angesichts von Leiden, deren Mechanismus wir noch nicht einmal kennen, eine wissenschaftsgläubige Haltung widerspiegelt, die ebenso kritisch zu sehen ist.

Mit ausreichendem Abstand zu diesen absichtlich überzeichneten Einstellungen lässt sich die Ethik einer ehrlichen und vernünftigen Behandlung entwickeln.

Um dieses Ziel zu erreichen, ist der Einsatz modernster Technologien unentbehrlich. Bei Gehirnkrankheiten will man durch die Kombination von klinischem Fachwissen und neuester Technologie keinesfalls Kranke in reine Objekte der technikbesessenen Wissenschaft verwandeln, sie sollen vielmehr mit Hilfe dieser Methoden ihre möglichst uneingeschränkte Subjektivität zurückerhalten.

Schließlich möchte ich noch ein Wort über jenes unvermeidlich gewordene Prinzip verlieren, demzufolge man «Patienten, die diesen Wunsch äußern, dabei hilft, als Akteure ihre eigene Therapie selbst in die Hand zu nehmen». Wenn ich als Mediziner dieses Prinzip auch aktiv unterstütze, möchte ich hier dennoch auf einen unangenehmen Nebeneffekt hinweisen, den ich schon häufig beobachtet habe.

Wenn der Kampfgeist eines Patienten sich als ohnmächtig erweist und er seiner schweren Krankheit erliegt, führt das bei Hinterbliebenen nicht selten zu

einem «empathischen Bruch», oder sogar zu einer Be-
schuldigung des Kranken.

Dieser empathische Bruch liefert Hinterbliebenen,
die Angst haben, eines Tages selbst zu erkranken,
ein beruhigendes Erklärungsmodell: «Wenn jemand
schwer erkrankt, dann liegt das daran, dass er nicht
alles dafür getan hat, eine Krankheit zu verhindern,
und daran, dass er nach seiner Erkrankung nicht genug gekämpft hat, entweder weil er es nicht wollte
oder weil er es nicht konnte.» Ein beruhigendes Erklärungsmodell, gewiss, aber auch ein naives und fal-
sches.

Das Risiko des empathischen Bruchs hat der 2017
verstorbene Philosoph Ruwen Ogien angeprangert.
Man begegnet dem Phänomen bei allen schweren
Krankheiten (Krebs, Aids etc.), aber bei Gehirnerkran-
kungen wird es durch die Charakter- und Persönlich-
keitsveränderungen und die Veränderung der kognitiven Fähigkeiten des Kranken noch zusätzlich verstärkt.
«Dieser Kranke ist nicht mehr derselbe Mensch, den
ich gekannt und dem ich mich nahe gefühlt habe.»

Gehirnkrankheiten stellen uns damit vor drei Her-
ausforderungen: die Medizin zu vereinheitlichen und
zu erneuern, die Notwendigkeit neuer Technologien
und schließlich jene Herausforderung, die nicht nur
Mediziner und Patienten beschäftigt, sondern auch die
Gesellschaft insgesamt, die Herausforderung, den Humanismus zu bewahren.

DAS GEHIRN VON MORGEN

Das Gehirn ist nicht nur der Sitz des Denkens, sondern auch aller unserer Gedanken, Hirngespinste eingeschlossen. Und Hirngespinste gibt es wie Sand am Meer, sobald es um das Gehirn von morgen, um die Zukunft unseres Gehirns geht. Ein Thema, das ich so wichtig finde, dass ich mit ihm dieses Buch abschließen möchte.

Wie werden sich unsere Gehirne und die unserer Kinder an eine noch unbekannte Umwelt anpassen, in die hinein wir uns entwickeln? Internet, soziale Netzwerke, virtuelle Realität, künstliche Intelligenz?

Auf der Zeitskala der Entwicklung der Arten, in der nach Hunderttausenden von Jahren gerechnet wird, hat unser Gehirn noch keine Zeit gehabt, sich trotz vieler umwälzender Erneuerungen genetisch weiterzuentwickeln. Vor sechstausend Jahren sind wir mit der Entwicklung der Schrift und der Lektüre von der Vorgeschichte in die Geschichte eingetreten, haben komplexe Infrastrukturen erschaffen, Kommunikations- und Transporttechniken erfunden und sind sogar zum Mond geflogen. Kurzum, unsere Gehirne haben sich an eine Umwelt angepasst, für die sie genetisch nicht ausgelegt waren. Wie ist ihnen das gelungen? Dank der PLASTIZITÄT DES GEHIRNS und effizienter sozialer

Strategien. Denken Sie nur einmal an die Erfindung des Buches, das in Wirklichkeit nichts anderes ist als die erste symbolische Gedächtnisstütze, die darüber hinaus auch noch drahtlos funktioniert!

Die Entwicklung steht nicht still, wir passen uns unaufhörlich den Innovationen an und bringen Neues hervor, allerdings immer mit demselben guten alten Gehirn. Wir werden nach wie vor mit demselben Gehirn geboren wie damals zur Zeit von Perikles oder Gilgamesch.

Im Grunde also nichts wesentlich Neues, trotz Google und Yahoo. Wie lassen sich nun die neuen Prozesse kultureller Anpassung erklären, die in einem genetisch unveränderten Gehirn vor sich gehen? Dafür nehmen wir am besten genau jene Suchmaschinen als Beispiel, die es vor zwanzig Jahren in unserem Leben überhaupt noch nicht gab, obwohl wir dazu neigen, das immer wieder zu vergessen. Heutzutage wecken diese Maschinen Ängste und werfen Fragen auf. Wie haben sich unsere Gehirnfunktionen verändert, seit es Suchmaschinen gibt?

Die US-amerikanische Psychologin Betty Sparrow hat 2011 zu diesem Thema eine sehr erfindungs- und aufschlussreiche Untersuchung durchgeführt. Bleiben Sie dran, es lohnt sich! Wenn ich Ihnen beispielsweise ein Wort (sagen wir: SCHERE) zeige, das farbig geschrieben ist (sagen wir: in Rot), und Sie dann bitte, mir laut die Farbe der Tinte zu nennen (Rot), aber nicht das Wort (Schere), werden Sie langsamer sprechen, als wenn Sie das Wort selbst (Schere) aussprechen würden. Sie müssen das Aussprechen des geschriebenen

Wortes gewissermaßen unterdrücken. Wenn Sie, noch bevor man Ihnen das Wort gezeigt hat, an das Wort gedacht haben, werden Sie sogar noch langsamer antworten.

Genau in diesem Punkt zeigt sich der Erfindungsreichtum dieser Untersuchung: Die Forscher interessierten sich nämlich gerade für die Zeitspanne, die für die Antwort benötigt wurde. An dieser Zeitspanne lässt sich erkennen, woran die Versuchspersonen im Augenblick der Fragestellung gedacht haben. Dadurch konnte man die aktivierten Konzepte erforschen, ohne die Versuchspersonen direkt danach zu fragen.

Ausgehend von diesen Ergebnissen, führte Betty Sparrow Sitzungen mit jungen amerikanischen Studenten durch, in denen allgemeine kulturelle Quizfragen gestellt wurden. Die Fragestellungen in diesen Sitzungen waren unterschiedlich schwierig. Manche waren sehr einfach, andere hingegen äußerst schwer. Nach jeder Fragerunde, einfach oder schwer, mussten die Versuchspersonen den kleinen Test der Farbbenennung des geschriebenen Wortes machen. Bei einigen der ausgewählten Wörter handelte es sich um Namen von Suchmaschinen (Google, Yahoo), andere hatten keinerlei Bezug zum Internet. Ergebnis? Nach den schweren Fragerunden benötigten die Versuchspersonen erheblich mehr Zeit, die Schriftfarbe der Suchmaschinennamen zu benennen, als nach den einfachen Fragerunden.

Was schließen wir daraus? Nach den schweren Fragerunden waren die Konzepte von Google und Yahoo automatisch und unbewusst bereits im Geist der Teilnehmer aktiviert! Aufgrund der mentalen Voraktivierung dieser Suchmaschinennamen, noch bevor sie auf dem Bildschirm auftauchten, benötigten die Studenten mehr Zeit, um das Aussprechen der Namen zu unterdrücken, und somit auch mehr Zeit zur korrekten Benennung der Schriftfarbe.

Diese Untersuchung zeigt also, dass bei Fragen, deren Antwort wir nicht kennen, eine kognitive Verinnerlichung der Suchmaschine stattfindet. Kennen Sie das nicht auch aus eigener Erfahrung, wenn Ihnen der Name einer bestimmten Hauptstadt oder der Name eines bestimmten Autors einfach nicht einfallen will? Sind Sie dann nicht, genau wie die Studenten im Experiment von Sparrow, geistig damit beschäftigt, in Ihrem Smartphone, Ihrem Tablet oder Ihrem Computer zu suchen?

Die mentale Aktivierung der Suchmaschinen ist eine Vorwegnahme der automatisierten Suchanfragen im Netz. Wenn die Schnittstellen zwischen Gehirn und Maschine sich zugleich mit unserem Gehirn und dem Internet verbunden haben, können sie in Echtzeit Gehirnsignale in mentale Aktivitäten umsetzen. Das ist eine durchaus realistische Vorstellung, kein Hirngespinst, des Zukunftsentwurfes Mensch 3.0. Ich jedenfalls habe hier schon mal Farbe bekannt, wenn man so will!

In diesem Sinne hat sich unsere Beziehung zum Gedächtnis bereits verändert, die zahlreichen externen Gedächtnisspeicher – schließlich sind unsere Tablets, Smartphones und andere Bildschirme ja nichts anderes – zeigen bereits ihre Wirkung. Dank eines nicht weniger einfallsreichen Experimentes haben Betty Sparrow und ihre Kollegen nachgewiesen, dass der Zugang zu diesen externen Gedächtnisspeichern schon ausreicht, damit wir uns eher an die Stelle erinnern, an der die Information im Internet zu finden ist, als an die Information selbst.

Diese neuen Strategien bedienen sich zwar auf intelligente Weise der Möglichkeiten des Internets, trotzdem muss man sich vor der ständigen Ablenkung durch unaufgeforderte Störungen schützen, der unsere Aufmerksamkeit ausgesetzt ist. Das betrifft vor allem Kinder, aber nicht ausschließlich!

Das Gehirn von morgen befindet sich daher gewissermaßen in einer kritischen Phase. Durch die rasante technologische Entwicklung besteht ein echtes Risiko, dass wir in Abhängigkeit geraten. Andererseits liegt es in unserer Entscheidung, Technologien so zu gestalten, dass sie dazu beitragen, jeden von uns bei der Entfaltung seiner Möglichkeiten zu unterstützen. Damit diese zweite, eher optimistische Zukunftsperspektive Realität wird, müssen allerdings noch zahllose Faktoren zusammenwirken, über die wir zurzeit noch keine Kontrolle haben. Die Frage führt uns aber, unter anderem, auch vor Augen, wie wichtig es ist, unser Gehirn zu verstehen – je früher, desto besser. Ich hoffe, dieses Buch kann auf seine bescheidene Weise dazu beitragen. Hoffentlich werden Sie in Zukunft, und sobald sich die Gelegenheit bietet, mit Freuden über das Gehirn sprechen und Ihr Verständnis vertiefen.

Warum eigentlich nicht gleich damit anfangen und dem Kapitel eine neue Überschrift geben? Denn für jeden von uns gilt, vergessen Sie das nie, dass das Gehirn von morgen ... schon heute beginnt!

DANKSAGUNG

Danke.

Danke ist eines der ersten Wörter, die man lernt, wenn man sich eine neue Sprache erobern will: *Thank you. Grazie. Toda. Gracias. Xiè-xie. Chokrane. Arigato. Spasiba.*

Für uns soll es das Schlusswort sein. In der Sprache des Gehirns, die wir Ihnen hier näherbringen wollten, gibt es für dieses Wort keine genaue Entsprechung und daher möchten wir es gern auf unsere Art übersetzen. Zuerst, indem wir es mit dem großen Vergnügen verknüpfen, das die gemeinsame Entwicklung dieses Projekts für uns beide war, aber auch, indem wir diejenigen nennen, die uns ermutigt oder die durch ihre Hilfe das Projekt überhaupt erst ermöglicht haben:

Odile Jacob und Bernard Gotlieb, für die wir als Duo eine Selbstverständlichkeit waren; mit ihnen haben Gespräche über das Gehirn einen neuen Sinn erhalten, der von Buch zu Buch immer schöner wird.

Das gilt auch für ihr sympathisches Team: Marie-Lorraine Colas, die unser Manuskript so aufmerksam und sorgfältig gelesen hat, Arié Sberro und Jeanne Pérou.

Laurence Bloch hat mir die sommerlichen Türen von France Inter geöffnet, und hinter diesen Türen ha-

ben wir anschließend Benjamin Riquet, den Zauber-
meister der Töne und Stimmen, sowie Anne-Julie Bé-
mont, die unser Skript bearbeitet hat, kennengelernt.

Nicht vergessen sei an dieser Stelle Nicholas Danziger, Leser und Hörer der ersten Stunde und von diesem
Augenblick an unersetzlich.

An sie alle gewandt, sprechen wir jetzt das Wort
aus, das wir bereits als unser Schlusswort angekündigt
haben: Aus tiefstem Gehirn … Danke!

AUS DEM VERLAGSPROGRAMM

Rebecca Böhme
HUMAN TOUCH
Warum körperliche Nähe so wichtig ist
2019. 192 Seiten mit 10 Abbildungen.
Klappenbroschur

Paul Broks
JE DUNKLER DIE NACHT, DESTO HELLER DIE STERNE
Über die Liebe, die Trauer und das Ich
Aus dem Englischen von Annabel Zettel
2019. 320 Seiten mit 15 Abbildungen. Gebunden

Yuval Noah Harari
21 LEKTIONEN FÜR DAS 21. JAHRHUNDERT
Aus dem Englischen von Andreas Wirthensohn
2019. 544 Seiten. Paperback

Achim Haug
REISEN IN DIE WELT DES WAHNS
Ein Psychiater erzählt von inneren Stimmen,
bizarren Botschaften und gefährlichen Doppelgängern
2019. 255 Seiten. Gebunden

Friedhelm Moser
KLEINE PHILOSOPHIE FÜR NICHTPHILOSOPHEN
5. Auflage. 2019. 217 Seiten. Paperback

C.H.BECK